U0168287

中国海洋经济统计年鉴

CHINA MARINE ECONOMIC STATISTICAL YEARBOOK

2020

自然资源部海洋战略规划与经济司　编

Edited by

Department of Marine Strategic Planning and Economy

Ministry of Natural Resources, P. R. China

海洋出版社

China Ocean Press

图书在版编目(CIP)数据

中国海洋经济统计年鉴.2020:汉、英/自然资源
部海洋战略规划与经济司编. —北京：海洋出版社，
2021.12

　　ISBN 978-7-5210-0862-3

　　Ⅰ.①中… Ⅱ.①自… Ⅲ.①海洋经济-统计资料-
中国-2020-年鉴-汉、英 Ⅳ.①P74-54

　　中国版本图书馆 CIP 数据核字(2021)第 255340 号

中国海洋经济统计年鉴 2020

ZHONGGUO HAIYANG JINGJI TONGJI NIANJIAN 2020

责任编辑：王　溪
责任印制：安　森

海洋出版社　　出版发行

http://www.oceanpress.com.cn

北京市海淀区大慧寺路 8 号　邮编：100081

北京顶佳世纪印刷有限公司印刷　新华书店北京发行所经销

2021 年 12 月第 1 版　2021 年 12 月第 1 次印刷

开本：787mm×1092mm　1/16　印张：17.25

字数：430 千字　定价：168.00 元

发行部：010-62100090　邮购部：010-62100072　总编室：010-62100034

海洋版图书印、装错误可随时退换

《中国海洋经济统计年鉴》编委会

高明兴　　天津市规划和自然资源局

张淑云　　河北省自然资源厅（海洋局）

李志军　　辽宁省自然资源厅

阮仁良　　上海市海洋局

王辽宁　　江苏省自然资源厅

马　奇　　浙江省自然资源厅

邱章泉　　福建省海洋与渔业局

宋继宝　　山东省海洋局

屈家树　　广东省自然资源厅

蒋和生　　广西壮族自治区海洋局

彭斌庆　　海南省自然资源和规划厅

刘东立　　大连市自然资源局

戚春良　　宁波市自然资源和规划局

曾东生　　厦门市海洋发展局

戚永战　　青岛市海洋发展局

李喻春　　深圳市海洋渔业局

《中国海洋经济统计年鉴》编辑部

主　任：

何广顺　　国家海洋信息中心

副主任：

崔晓健　　国家海洋信息中心

段晓峰　　国家海洋信息中心海洋经济研究室

宋维玲　　国家海洋信息中心海洋经济研究室

成　员：

张潇娴　杨　洋　彭　星　张献丽　苏　林　赵景丽

王　悦　丁仕伟　周洪军　李琳琳　赵心宇　付瑞全

徐莹莹（国家海洋信息中心）

苏　宇　王　楠　齐书花（自然资源部信息中心）

刘　洋　李东法　林存炎　张　伦　高争气　邢建勇

顾　纳（自然资源部）

特邀编辑：

李燕丽　　教育部

朱迎春　　科学技术部

童　莉　　生态环境部

王广民　　交通运输部

吴梦莹　　水利部

高宏泉　　全国水产技术推广总站、中国水产学会

戴　斌　　中国旅游研究院（文化和旅游部数据中心）

钱　琦　　中国地震局

崔胜先　　中国科学院

陈艳艳　　中国气象局

张燕宁　　中国船舶工业集团有限公司

徐　婧　　中国船舶重工集团有限公司

肖　勇　　中国石油天然气集团有限公司

孙　艳　　中国石油化工集团有限公司

郝静辉　　中国海洋石油集团有限公司

郑一铭   中国船舶工业行业协会
何杰英   中国可再生能源学会风能专业委员会
刘建杰   国家林业和草原局
石显耀   中国地质调查局
杨金璐   天津市规划和自然资源局
徐　萍   河北省自然资源厅（海洋局）
黄　淼   河北省自然资源利用规划院
魏　南   辽宁省自然资源厅
聂鸿鹏   辽宁省海洋经济监测评估技术中心
陈卫国   上海市海洋局
张　呈   上海市海洋管理事务中心
王均柏   江苏省自然资源厅
顾云娟   江苏省海洋经济监测评估中心
邵康星   浙江省自然资源厅
欧龚炜   福建省海洋经济运行监测与评估中心
王　瑾   山东省海洋局
胡春雷   广东省自然资源厅
鲁亚运   广东省海洋发展规划研究中心
李　婷   广西壮族自治区海洋局
吴尔江   广西壮族自治区海洋研究院经济所
崔林鹏   海南省自然资源和规划厅
戚浩然   大连市自然资源局
朱志海   宁波市自然资源和规划局
林瑞才   厦门市海洋发展局
徐　璐   青岛市海洋发展局
孔祥勤   深圳市海洋监测预报中心

执行编辑：
　张潇娴

英文校订：
　林宝法

Gao Mingxing	Tianjin Municipal Bureau of Planning and Natural Resources
Zhang Shuyun	Department of Natural Resources of Hebei Province (Oceanic Administration)
Li Zhijun	Department of Natural Resources of Liaoning Province
Ruan Renliang	Shanghai Oceanic Administration
Wang Liaoning	Jiangsu Provincial Department of Natural Resources
Ma Qi	Department of Natural Resources of Zhejiang Province
Qiu Zhangquan	Fujian Provincial Department of Ocean and Fisheries
Song Jibao	Oceanic Administration of Shandong Province
Qu Jiashu	Department of Natural Resources of Guangdong Province
Jiang Hesheng	Oceanic Administration of Guangxi Zhuang Autonomous Region
Peng Binqing	Department of Natural Resources and Planning of Hainan Province
Liu Dongli	Dalian Bureau of Natural Resources
Qi Chunliang	Ningbo Bureau of Natural Resources and Planning
Zeng Dongsheng	Xiamen Municipal Bureau of Ocean Development
Qi Yongzhan	Qingdao Municipal Marine Development Bureau
Li Yuchun	Shenzhen Municipal Ocean and Fisheries Bureau

Editorial Department of
China Marine Economic Statistical Yearbook

Zheng Yiming	China Association of the National Shipbuilding Industry
He Jieying	Chinese Wind Energy Association
Liu Jianjie	National Forestry and Grassland Administration
Shi Xianyao	China Geological Survey
Yang Jinlu	Tianjin Municipal Bureau of Planning and Natural Resources
Xu Ping	Department of Natural Resources of Hebei Province (Oceanic Administration)
Huang Miao	Hebei Natural Resources Utilization Planning Institute
Wei Nan	Department of Natural Resources of Liaoning Province
Nie Hongpeng	Marine Economic Monitoring and Evaluation Technology Center of Liaoning Province
Chen Weiguo	Shanghai Oceanic Administration
Zhang Cheng	Shanghai Municipal Maritime Affairs Administration
Wang Junbai	Jiangsu Provincial Department of Natural Resources
Gu Yunjuan	Jiangsu Marine Economic Monitoring and Evaluation Center
Shao Kangxing	Department of Natural Resources of Zhejiang Province
Ou Gongwei	Fujian Marine Economic Operation Monitoring and Evaluation Center
Wang Jin	Oceanic Administration of Shandong Province
Hu Chunlei	Department of Natural Resources of Guangdong Province
Lu Yayun	Guangdong Ocean Development Planning and Research Center
Li Ting	Oceanic Administration of Guangxi Zhuang Autonomous Region
Wu Erjiang	Institute of Economics, Academy of Oceanography of Guangxi Zhuang Autonomous Region
Cui Linpeng	Department of Natural Resources and Planning of Hainan Province
Qi Haoran	Dalian Bureau of Natural Resources
Zhu Zhihai	Ningbo Bureau of Natural Resources and Planning
Lin Ruicai	Xiamen Municipal Bureau of Ocean Development
Xu Lu	Qingdao Municipal Marine Development Bureau
Kong Xiangqin	Ocean Monitoring and Forecasting Center of Shenzhen

Executive Editor:
Zhang Xiaoxian

English Proof-reader:
Lin Baofa

编 者 说 明

一、《中国海洋经济统计年鉴 2020》系统收录了全国和沿海区域 2019 年开发、利用和保护海洋的各类产业活动，以及与之相关联的活动的统计数据和社会经济概况数据，是一部全面反映中国海洋经济发展有关情况的资料性年鉴，全书为中英文对照。

二、本年鉴所涉及的沿海区域包括沿海地区、沿海城市和沿海地带，按《沿海行政区域分类与代码》(HY/T 094—2006)的顺序排列。

三、本年鉴内容包括综合资料、海洋经济核算、主要海洋产业活动、主要海洋产业生产能力、海洋科学技术、海洋教育、海洋生态环境与防灾减灾、海洋行政管理及公益服务、全国及沿海社会经济和部分世界海洋经济统计资料十部分。

四、本年鉴资料主要根据《海洋经济统计调查制度》和《海洋生产总值核算制度》(国统制〔2020〕49 号)，来源于各级自然资源（海洋）主管部门及同级统计部门和相关行业主管部门、国务院有关涉海部门、重点涉海企业。部分国际国内社会经济统计数据来源于公开资料，均在表下方注释说明。

五、本年鉴中除特殊说明外，所有价值量指标均为当年价。年鉴中每部分附有主要统计指标解释，对指标的含义、统计范围和统计方法做了简要说明。统计数据中的其他说明置于表的下方；有续表的资料，如有注释均置于第一张表的下方。

六、本年鉴中涉及的历史数据，均以本年鉴出版的最新数据为准；本年鉴中部分数据合计数或相对数由于单位取舍不同而产生的计算误差，均未做机械调整。

七、本年鉴表格中符号使用说明："空格"表示该项统计指标数据不详或无该项数据；"#"表示其中的主要项；其他符号如"*"或"①"等表示本表后面有注释。

八、本年鉴资料国内部分未包括香港特别行政区、澳门特别行政区和台湾省数据。

九、《中国海洋经济统计年鉴 2020》在编撰过程中，得到了各有关单位的大力支持，在此表示衷心的感谢。本年鉴中如有疏漏和不妥之处，敬请读者批评指正。

《中国海洋经济统计年鉴》编辑部

Editor's Notes

I. The *China Marine Economic Statistical Yearbook* (*2020*), which has systematically included the statistical data on the national and coastal area's various industrial activities of developing, utilizing and protecting the ocean and the activities related thereto, as well as the data on the general situation of society and economy in 2019, is a data almanac reflecting in an all-round way China's marine economic development, and it is a Chinese-English bilingual edition.

II. The coastal areas covered by the Yearbook are the coastal regions, coastal cities and coastal zones, which are arranged in order according to the *Coastal Administrative Areas Classification and Codes* (HY/T 094—2006).

III. The data in the Yearbook consist of 10 sections, namely, integrated data, marine economic accounting, major marine industrial activities, production capacity of major marine industries, marine science and technology, marine education, marine ecological environment and disaster mitigation, marine administration and public-good service, national and coastal socioeconomy, and part of the world's marine economic statistics data.

IV. Mainly based on the *Marine Economic Statistics Survey System* and the *Gross Ocean Product Accounting System* (Guotongzhi〔2020〕No. 49), the data of the Yearbook come from the departments in charge of natural resources (maritime administration) at various levels and the statistical bureaus at the same levels, as well as the relevant industry administrative departments, relevant maritime departments under the State Council, and key ocean-related enterprises. Part of the international and domestic socioeconimic statistic data are from the public data and illustrated in the notes below the tables.

V. Unless otherwise specified in the Yearbook, all the value indicators are given at the current price. Each section is attached by explanatory notes to the major marine statistical indicators, giving a brief explanation of the meaning, statistical range and statistical methods of the indicators. Other notes to the statistical data are listed below the tables. For the data with continued tables, annotations, if any, are put below the first table.

VI. All the historical data covered in the Yearbook are subject to the latest data published in the Yearbook; For part of the data in the Yearbook, the calculation errors on totals or relative figures due to the difference in the unit trade-offs have not been adjusted.

VII. The usage of symbols in the tables: "Blank" indicates that the data of the statistical index are unknown for the time being or that there are no such data available; "#" indicates the major items of the table; Other symbols, such as "*" or "①", indicate "see footnotes below".

VIII. The domestic part of the Yearbook does not include the data from Hong Kong Special Administrative Region, Macao Special Administrative Region and Taiwan Province.

IX. In the course of editing the *China Marine Economic Statistical Yearbook (2020)*, we enjoyed energetic support from the various departments concerned and we hereby extend our heartfelt thanks to them. Criticisms and comments are welcome from readers on the oversights and inappropriateness, if any, in the Yearbook.

Editorial Department of the
China Marine Economic Statistical Yearbook

2019年海洋经济主要统计指标
Main Statistical Indicators of Marine Economy in 2019

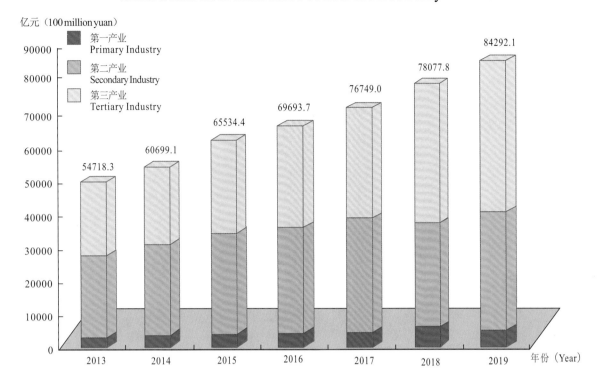

图 1 全国海洋生产总值及三次产业构成

National Gross Ocean Product and Three Industries Composition

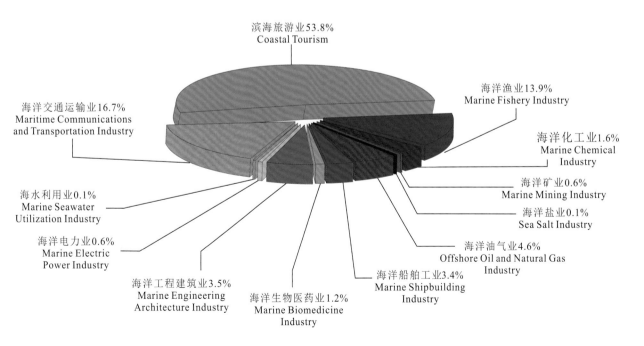

图 2 2019年全国主要海洋产业增加值构成

Composition of Added Values of National Major Marine Industries in 2019

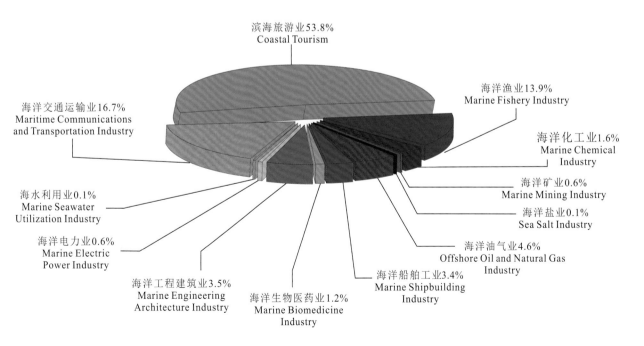

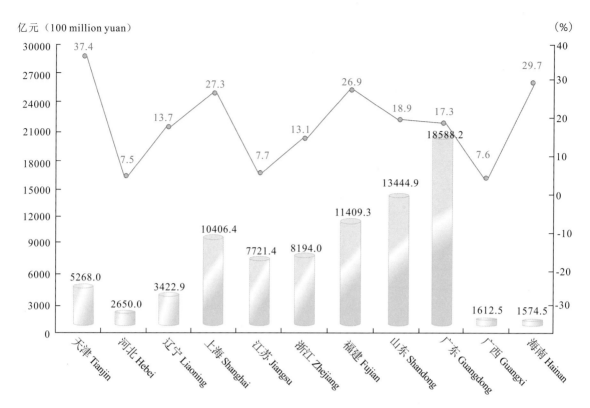

图 3 2019年沿海地区海洋生产总值

Gross Ocean Product by Coastal Regions in 2019

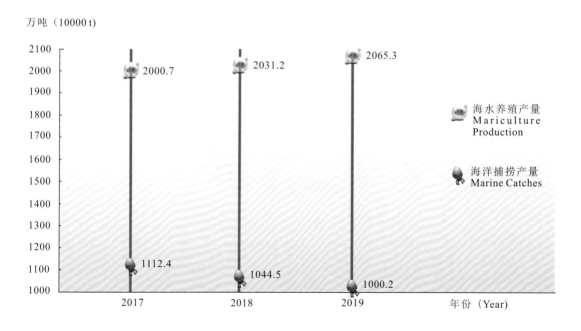

图 4 全国海洋捕捞和海水养殖产量

National Marine Catches and Mariculture Production

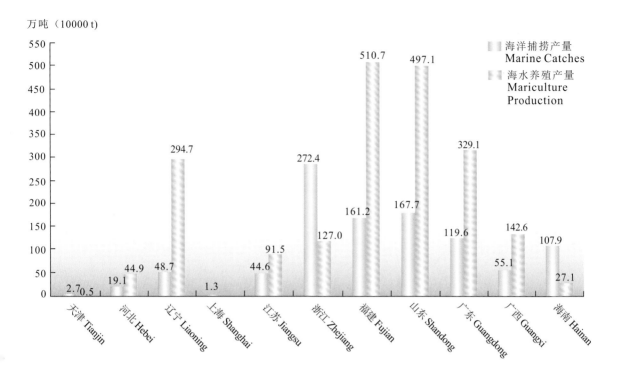

图 5 2019年沿海地区海洋捕捞和海水养殖产量

Marine Catches and Mariculture Production by Coastal Regions in 2019

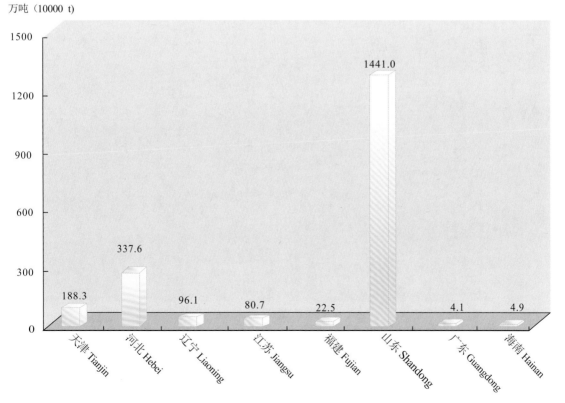

图 6 2019年沿海地区海盐产量

Sea Salt Production by Coastal Regions in 2019

万载重吨（10000 DWT）

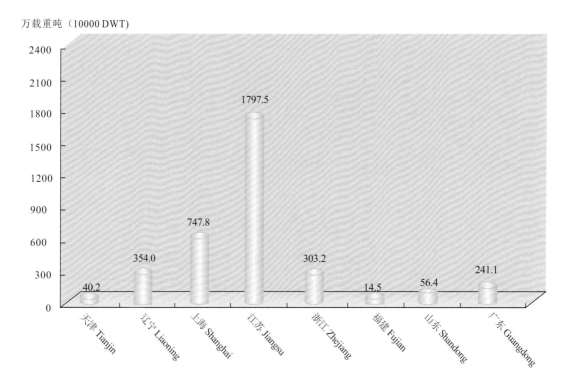

图 7　2019年沿海地区海洋造船完工量

Completed Quantity of Marine Shipbuilding by Coastal Regions in 2019

亿吨·千米（100 million t-km）

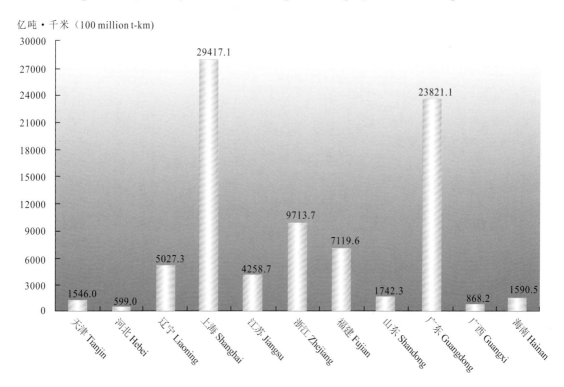

图 8　2019年沿海地区海洋货物周转量

Maritime Goods Turnover Volume by Coastal Regions in 2019

万标准箱（10000 TEU）

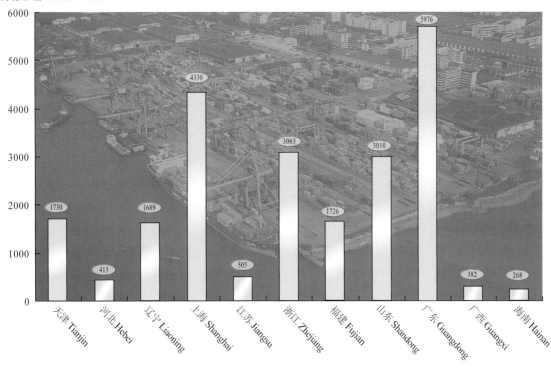

图 9　2019年沿海港口国际标准集装箱吞吐量
International Standardized Containers Handled by Coastal Seaports in 2019

万人次（10000 person-times）

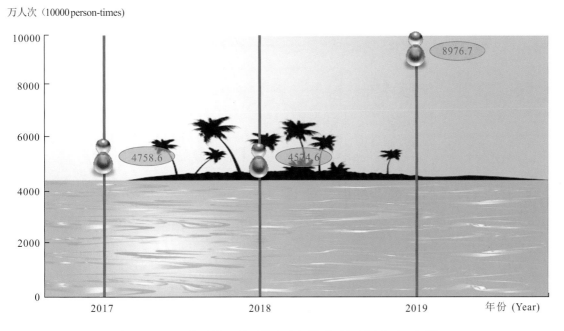

图 10　主要沿海城市接待入境旅游者人数
Number of Inbound Tourists Received by Major Coastal Cities

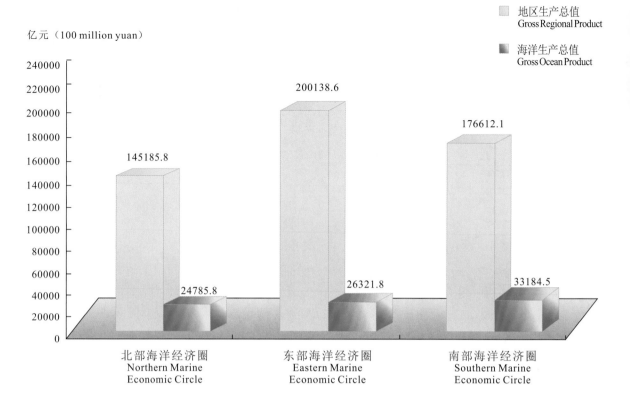

亿元（100 million yuan）

地区生产总值
Gross Regional Product

海洋生产总值
Gross Ocean Product

145185.8   24785.8   200138.6   26321.8   176612.1   33184.5

北部海洋经济圈
Northern Marine
Economic Circle

东部海洋经济圈
Eastern Marine
Economic Circle

南部海洋经济圈
Southern Marine
Economic Circle

图 11 2019年北部、东部、南部海洋经济圈地区生产总值与海洋生产总值

GDP and GOP in the Northern Marine Economic Circle, Eastern Marine
Economic Circle and Southern Marine Economic Circle in 2019

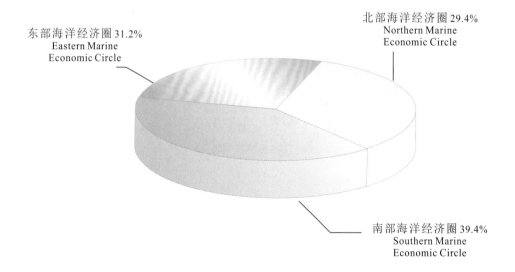

东部海洋经济圈 31.2%
Eastern Marine
Economic Circle

北部海洋经济圈 29.4%
Northern Marine
Economic Circle

南部海洋经济圈 39.4%
Southern Marine
Economic Circle

图 12 2019年北部、东部、南部海洋经济圈
海洋生产总值占全国海洋生产总值比重

Proportion of the GOP of the Northern Marine Economic Circle, Eastern Marine
Economic Circle and Southern Marine Economic Circle in the National GOP in 2019

目　次
CONTENTS

3 主要海洋产业活动
Major Marine Industrial Activities

4 主要海洋产业生产能力
Production Capacity of Major Marine Industries

5　海洋科学技术
Marine Science and Technology

6 海洋教育
Marine Education

7　海洋生态环境与防灾减灾
Marine Ecological Environmental and Disaster Mitigation

8 海洋行政管理及公益服务

Marine Administration and Public-Good Service

9 全国及沿海社会经济

National and Coastal Socioeconomy

10 世界海洋经济统计资料（部分）
World's Marine Economic Statistics Data (Part)

1

综合资料
Integrated Data

1-1 沿海地区行政区划（2019年）
Administrative Division of Coastal Regions (2019)

单位：个   (unit)

沿海地区 Coastal Region	沿海城市 Coastal City	沿海地带 Coastal County (District)			
		合 计 Total	县 County	县级市 County-level City	区 District
合 计 **Total**	55	225	50	50	125
天 津 Tianjin	1	1	0	0	1
河 北 Hebei	3	11	4	1	6
辽 宁 Liaoning	6	22	3	6	13
上 海 Shanghai	1	5	0	0	5
江 苏 Jiangsu	3	15	6	4	5
浙 江 Zhejiang	7	33	8	10	15
福 建 Fujian	6	33	11	7	15
山 东 Shandong	7	35	4	11	20
广 东 Guangdong	14	46	8	6	32
广 西 Guangxi	3	8	1	1	6
海 南 Hainan	4	16	5	4	7

注：沿海地带中未包括广东省的东莞、中山和海南的三沙、儋州。

Note: The coastal zone does not include Dongguan and Zhongshan of Guangdong Province, and Sansha and Danzhou of Hainan Province.

1-2 沿海行政区划一览表（2019年）
Table of Administrative Division of Coastal Regions (2019)

沿海地区 Coastal Region	地区代码 Zip Code	沿海城市 Coastal City	地区代码 Zip Code	沿海地带 Coastal County (District)	地区代码 Zip Code
天 津 Tianjin	120000			滨海新区 Binhai Xinqu	120116
河 北 Hebei	130000	唐山 Tangshan	130200	丰南区 Fengnan Qu	130207
				曹妃甸区 Caofeidian Qu	130209
				滦南县 Luannan Xian	130224
				乐亭县 Laoting Xian	130225
		秦皇岛 Qinhuangdao	130300	海港区 Haigang Qu	130302
				山海关区 Shanhaiguan Qu	130303
				北戴河区 Beidaihe Qu	130304
				抚宁区 Funing Qu	130306
				昌黎县 Changli Xian	130322
		沧州 Cangzhou	130900	海兴县 Haixing Xian	130924
				黄骅市 Huanghua Shi	130983
辽 宁 Liaoning	210000	大连 Dalian	210200	中山区 Zhongshan Qu	210202
				西岗区 Xigang Qu	210203
				沙河口区 Shahekou Qu	210204
				甘井子区 Ganjingzi Qu	210211
				旅顺口区 Lüshunkou Qu	210212
				金州区 Jinzhou Qu	210213
				普兰店区 Pulandian Qu	210214
				长海县 Changhai Xian	210224
				瓦房店市 Wafangdian Shi	210281
				庄河市 Zhuanghe Shi	210283
		丹东 Dandong	210600	振兴区 Zhenxing Qu	210603
				东港市 Donggang Shi	210681
		锦州 Jinzhou	210700	凌海市 Linghai Shi	210781
		营口 Yingkou	210800	鲅鱼圈区 Bayuquan Qu	210804
				老边区 Laobian Qu	210811
				盖州市 Gaizhou Shi	210881
		盘锦 Panjin	211100	大洼区 Dawa Qu	211104
				盘山县 Panshan Xian	211122

沿海地区 Coastal Region	地区代码 Zip Code	沿海城市 Coastal City	地区代码 Zip Code	沿海地带 Coastal County (District)	地区代码 Zip Code
		葫芦岛 Huludao	211400	连山区Lianshan Qu	211402
				龙港区Longgang Qu	211403
				绥中县Suizhong Xian	211421
				兴城市Xingcheng Shi	211481
上海 Shanghai	310000			宝山区Baoshan Qu	310113
				浦东新区Pudong Xinqu	310115
				金山区Jinshan Qu	310116
				奉贤区Fengxian Qu	310120
				崇明区Chongming Qu	310151
江苏 Jiangsu	320000	南通 Nantong	320600	通州区Tongzhou Qu	320612
				海安市Hai'an Shi	320685
				如东县Rudong Xian	320623
				启东市Qidong Shi	320681
				海门市Haimen Shi	320684
		连云港 Lianyungang	320700	连云区Lianyun Qu	320703
				赣榆区Ganyu Qu	320707
				灌云县Guanyun Xian	320723
				灌南县Guannan Xian	320724
		盐城 Yancheng	320900	亭湖区Tinghu Qu	320902
				大丰区Dafeng Qu	320904
				响水县Xiangshui Xian	320921
				滨海县Binhai Xian	320922
				射阳县Sheyang Xian	320924
				东台市Dongtai Shi	320981
浙江 Zhejiang	330000	杭州 Hangzhou	330100	滨江区Binjiang Qu	330108
				萧山区Xiaoshan Qu	330109
		宁波 Ningbo	330200	北仑区Beilun Qu	330206
				镇海区Zhenhai Qu	330211
				鄞州区Yinzhou Qu	330212
				奉化区Fenghua Qu	330213
				象山县Xiangshan Xian	330225
				宁海县Ninghai Xian	330226
				余姚市Yuyao Shi	330281
				慈溪市Cixi Shi	330282

沿海地区 Coastal Region	地区代码 Zip Code	沿海城市 Coastal City	地区代码 Zip Code	沿海地带 Coastal County (District)	地区代码 Zip Code
		温州 Wenzhou	330300	鹿城区 Lucheng Qu	330302
				龙湾区 Longwan Qu	330303
				洞头区 Dongtou Qu	330305
				平阳县 Pingyang Xian	330326
				苍南县 Cangnan Xian	330327
				瑞安市 Rui'an Shi	330381
				乐清市 Yueqing Shi	330382
				龙港市 Longgang Shi	330383
		嘉兴 Jiaxing	330400	海盐县 Haiyan Xian	330424
				海宁市 Haining Shi	330481
				平湖市 Pinghu Shi	330482
		绍兴 Shaoxing	330600	柯桥区 Keqiao Qu	330603
				上虞区 Shangyu Qu	330604
		舟山 Zhoushan	330900	定海区 Dinghai Qu	330902
				普陀区 Putuo Qu	330903
				岱山县 Daishan Xian	330921
				嵊泗县 Shengsi Xian	330922
		台州 Taizhou	331000	椒江区 Jiaojiang Qu	331002
				路桥区 Luqiao Qu	331004
				三门县 Sanmen Xian	331022
				温岭市 Wenling Shi	331081
				临海市 Linhai Shi	331082
				玉环市 Yuhuan Shi	331083
福建 Fujian	350000	福州 Fuzhou	350100	马尾区 Mawei Qu	350105
				长乐区 Changle Qu	350112
				连江县 Lianjiang Xian	350122
				罗源县 Luoyuan Xian	350123
				平潭县 Pingtan Xian	350128
				福清市 Fuqing Shi	350181
		厦门 Xiamen	350200	思明区 Siming Qu	350203
				海沧区 Haicang Qu	350205

沿海地区 Coastal Region	地区代码 Zip Code	沿海城市 Coastal City	地区代码 Zip Code	沿海地带 Coastal County (District)	地区代码 Zip Code
				湖里区Huli Qu	350206
				集美区Jimei Qu	350211
				同安区Tong'an Qu	350212
				翔安区Xiang'an Qu	350213
		莆田 Putian	350300	城厢区Chengxiang Qu	350302
				涵江区Hanjiang Qu	350303
				荔城区Licheng Qu	350304
				秀屿区Xiuyu Qu	350305
				仙游县Xianyou Xian	350322
		泉州 Quanzhou	350500	丰泽区Fengze Qu	350503
				泉港区Quangang Qu	350505
				惠安县Hui'an Xian	350521
				金门县Jinmen Xian	350527
				石狮市Shishi Shi	350581
				晋江市Jinjiang Shi	350582
				南安市Nan'an Shi	350583
		漳州 Zhangzhou	350600	云霄县Yunxiao Xian	350622
				漳浦县Zhangpu Xian	350623
				诏安县Zhao'an Xian	350624
				东山县Dongshan Xian	350626
				龙海市Longhai Shi	350681
		宁德 Ningde	350900	蕉城区Jiaocheng Qu	350902
				霞浦县Xiapu Xian	350921
				福安市Fu'an Shi	350981
				福鼎市Fuding Shi	350982
山 东 Shandong	370000	青岛 Qingdao	370200	市南区Shinan Qu	370202
				市北区Shibei Qu	370203
				黄岛区Huangdao Qu	370211
				崂山区Laoshan Qu	370212
				李沧区Licang Qu	370213
				城阳区Chengyang Qu	370214
				即墨区Jimo Qu	370215
				胶州市Jiaozhou Shi	370281

沿海地区 Coastal Region	地区代码 Zip Code	沿海城市 Coastal City	地区代码 Zip Code	沿海地带 Coastal County (District)	地区代码 Zip Code
		东营 Dongying	370500	东营区 Dongying Qu	370502
				河口区 Hekou Qu	370503
				垦利区 Kenli Qu	370505
				利津县 Lijin Xian	370522
				广饶县 Guangrao Xian	370523
		烟台 Yantai	370600	芝罘区 Zhifu Qu	370602
				福山区 Fushan Qu	370611
				牟平区 Muping Qu	370612
				莱山区 Laishan Qu	370613
				长岛县 Changdao Xian	370634
				龙口市 Longkou Shi	370681
				莱阳市 Laiyang Shi	370682
				莱州市 Laizhou Shi	370683
				蓬莱市 Penglai Shi	370684
				招远市 Zhaoyuan Shi	370685
				海阳市 Haiyang Shi	370687
		潍坊 Weifang	370700	寒亭区 Hanting Qu	370703
				寿光市 Shouguang Shi	370783
				昌邑市 Changyi Shi	370786
		威海 Weihai	371000	环翠区 Huancui Qu	371002
				文登区 Wendeng Qu	371003
				荣成市 Rongcheng Shi	371082
				乳山市 Rushan Shi	371083
		日照 Rizhao	371100	东港区 Donggang Qu	371102
				岚山区 Lanshan Qu	371103
		滨州 Binzhou	371600	沾化区 Zhanhua Qu	371603
				无棣县 Wudi Xian	371623
广东 Guangdong	440000	广州 Guangzhou	440100	黄埔区 Huangpu Qu	440112
				番禺区 Panyu Qu	440113
				南沙区 Nansha Qu	440115
				增城区 Zengcheng Qu	440118

沿海地区 Coastal Region	地区代码 Zip Code	沿海城市 Coastal City	地区代码 Zip Code	沿海地带 Coastal County (District)	地区代码 Zip Code
		深圳 Shenzhen	440300	福田区 Futian Qu	440304
				南山区 Nanshan Qu	440305
				宝安区 Bao'an Qu	440306
				龙岗区 Longgang Qu	440307
				盐田区 Yantian Qu	440308
		珠海 Zhuhai	440400	香洲区 Xiangzhou Qu	440402
				斗门区 Doumen Qu	440403
				金湾区 Jinwan Qu	440404
		汕头 Shantou	440500	龙湖区 Longhu Qu	440507
				金平区 Jinping Qu	440511
				濠江区 Haojiang Qu	440512
				潮阳区 Chaoyang Qu	440513
				潮南区 Chaonan Qu	440514
				澄海区 Chenghai Qu	440515
				南澳县 Nan'ao Xian	440523
		江门 Jiangmen	440700	蓬江区 Pengjiang Qu	440703
				江海区 Jianghai Qu	440704
				新会区 Xinhui Qu	440705
				台山市 Taishan Shi	440781
				恩平市 Enping Shi	440785
		湛江 Zhanjiang	440800	赤坎区 Chikan Qu	440802
				霞山区 Xiashan Qu	440803
				坡头区 Potou Qu	440804
				麻章区 Mazhang Qu	440811
				遂溪县 Suixi Xian	440823
				徐闻县 Xuwen Xian	440825
				廉江市 Lianjiang Shi	440881
				雷州市 Leizhou Shi	440882
				吴川市 Wuchuan Shi	440883
		茂名 Maoming	440900	电白区 Dianbai Qu	440904
		惠州 Huizhou	441300	惠阳区 Huiyang Qu	441303
				惠东县 Huidong Xian	441323
		汕尾 Shanwei	441500	城　区 Chengqu	441502
				海丰县 Haifeng Xian	441521
				陆丰市 Lufeng Shi	441581

沿海地区 Coastal Region	地区代码 Zip Code	沿海城市 Coastal City	地区代码 Zip Code	沿海地带 Coastal County (District)	地区代码 Zip Code
		阳江 Yangjiang	441700	江城区Jiangcheng Qu	441702
				阳东区Yangdong Qu	441704
				阳西县Yangxi Xian	441721
		东莞 Dongguan	441900		
		中山 Zhongshan	442000		
		潮州 Chaozhou	445100	饶平县Raoping Xian	445122
		揭阳 Jieyang	445200	榕城区Rongcheng Qu	445202
				揭东区Jiedong Qu	445203
				惠来县Huilai Xian	445224
广 西 Guangxi	450000	北海 Beihai	450500	海城区Haicheng Qu	450502
				银海区Yinhai Qu	450503
				铁山港区Tieshangang Qu	450512
				合浦县Hepu Xian	450521
		防城港 Fangchenggang	450600	港口区Gangkou Qu	450602
				防城区Fangcheng Qu	450603
				东兴市Dongxing Shi	450681
		钦州 Qinzhou	450700	钦南区Qinnan Qu	450702
海 南 Hainan	460000	海口 Haikou	460100	秀英区Xiuying Qu	460105
				龙华区Longhua Qu	460106
				美兰区Meilan Qu	460108
		三亚 Sanya	460200	海棠区Haitang Qu	460202
				吉阳区Jiyang Qu	460203
				天涯区Tianya Qu	460204
				崖州区Yazhou Qu	460205
		三沙 Sansha	460300		
		儋州 Danzhou	460400		
		省直辖县 Counties Directly under the Hainan Province Government	469000	琼海市Qionghai Shi	469002
				文昌市Wenchang Shi	469005
				万宁市Wanning Shi	469006
				东方市Dongfang Shi	469007
				澄迈县Chengmai Xian	469023
				临高县Lingao Xian	469024
				昌江黎族自治县 Changjiang Lizu Zizhixian	469026
				乐东黎族自治县Ledong Lizu Zizhixian	469027
				陵水黎族自治县Lingshui Lizu Zizhixian	469028

1-3 海洋资源情况
Marine Resources

指　标	Item	指标值 Data
海岸线总长度　（万千米）	Total Length of Coastline　(10000 km)	约3.2 About 3.2
大陆岸线长度	Length of Continental Coastline	约1.8 About 1.8
岛屿岸线长度	Length of Insular Coastline	约1.4 About 1.4
海岛数量（个）	Number of Islands (unit)	11000余 More than 11000
有居民海岛数量	Number of Inhabited Islands	489

1-4 沿海地区水资源情况（2019年）
Water Resources by Coastal Regions (2019)

地 区 Region	水资源总量 （亿立方米） Total Water Resources (100 million m³)	地表 水资源量 Surface Water Resources	地下 水资源量 Groundwater Resources	地表水与地下 水资源重复量 Overlapped Measurement Between Surface Water and Groundwater	人均水资源量 （立方米/人） Per Capita Water Resources (m³/person)
全国总计 **National Total**	**29041.0**	**27993.3**	**8191.5**	**7143.8**	**2077.7**
天 津 Tianjin	8.1	5.1	4.2	1.2	51.9
河 北 Hebei	113.5	51.4	97.8	35.7	149.9
辽 宁 Liaoning	256.0	211.5	106.8	62.4	587.8
上 海 Shanghai	48.3	40.9	10.4	3.0	199.1
江 苏 Jiangsu	231.7	163.0	77.5	8.9	287.5
浙 江 Zhejiang	1321.5	1303.0	253.7	235.3	2281.0
福 建 Fujian	1363.9	1362.5	339.0	337.7	3446.8
山 东 Shandong	195.2	119.7	128.4	52.9	194.1
广 东 Guangdong	2068.2	2058.3	508.2	498.2	1808.9
广 西 Guangxi	2105.1	2103.8	445.0	443.7	4258.7
海 南 Hainan	252.3	249.3	73.0	70.0	2685.5

注：数据来源于《2020中国统计年鉴》。

Note: The data come from the *China Statistical Yearbook 2020.*

1-5 沿海地区湿地面积
Area of Wetlands by Coastal Regions

地 区 Region	湿地总面积 （千公顷） Total Area of Wetlands (1000 hm²)	近海与海岸 Inshore and Coasts
全国总计 **National Total**	**53602.6**	**5795.9**
天 津 Tianjin	295.6	104.3
河 北 Hebei	941.9	231.9
辽 宁 Liaoning	1394.8	713.2
上 海 Shanghai	464.6	386.6
江 苏 Jiangsu	2822.8	1087.5
浙 江 Zhejiang	1110.1	692.5
福 建 Fujian	871.0	575.6
山 东 Shandong	1737.5	728.5
广 东 Guangdong	1753.4	815.1
广 西 Guangxi	754.3	259.0
海 南 Hainan	320.0	201.7

注：数据来源于第二次全国湿地资源调查（2009—2013）。
Note: The data come from the Second National Wetland Resources Survey (2009—2013).

1-6 红树林面积（2019年）
Area of Sharpleaf Mangrove (*Rhizophora Apiculat*) (2019)

单位：公顷 (hm^2)

地 区 Region	红树林面积 Area of Sharpleaf Mangrove
全国总计 **National Total**	**28922.3**
浙 江 Zhejiang	48.7
福 建 Fujian	1244.1
广 东 Guangdong	12093.0
广 西 Guangxi	9814.4
海 南 Hainan	5722.2

注：数据来源于2019年红树林专项调查。

Note: The data come from the Special Survey of Sharpleaf Mangrove in 2019.

1-7 主要沿海城市气候基本情况（2019年）
Climate of Major Coastal Cities (2019)

城 市 City	年平均气温 （摄氏度） Annual Average Temperature （℃）	年平均相对湿度 （%） Annual Average Relative Humidity （%）	全年降水量 （毫米） Annual Precipitation （mm）	全年日照时数 （小时） Annual Sunshine Hours （h）
天 津 Tianjin	14.2	54.0	490.0	2596.7
大 连 Dalian	12.5	58.0	543.0	2569.8
上 海 Shanghai	17.4	75.0	1404.4	1617.0
杭 州 Hangzhou	18.0	74.0	1650.3	1657.9
福 州 Fuzhou	20.8	74.0	1346.2	1573.3
青 岛 Qingdao	14.1	67.0	479.5	2227.6
广 州 Guangzhou	22.7	82.0	2459.3	1658.5
海 口 Haikou	25.8	80.0	1798.7	2017.6

注：数据来源于《2020中国统计年鉴》。

Note: The data come from the *China Statistical Yearbook 2020.*

主要统计指标解释

1. 沿海地区　是指有海岸线（大陆岸线和岛屿岸线）的地区，按行政区划分为沿海省、自治区、直辖市。

2. 沿海城市　是指有海岸线的直辖市和地级市（包括其下属的全部区、县和县级市）。

3. 沿海地带　是指有海岸线的县、县级市、区（包括直辖市和地级市的区）。

4. 海洋　是海和洋的统称。洋为地球表面上相连接的广大咸水水体的主体部分。海为地球表面相连接的广大咸水水体被陆地、岛礁、半岛包围或分隔的边缘部分。

5. 水资源总量　指当地降水形成的地表和地下产水总量，即地表径流量与降水入渗补给量之和。

6. 地表水资源量　指河流、湖泊以及冰川等地表水体中可以逐年更新的动态水量，即天然河川径流量。

7. 地下水资源量　指地下饱和含水层逐年更新的动态水量，即降水和地表水入渗对地下水的补给量。

8. 地表水与地下水资源重复量　指地表水和地下水相互转化的部分，即天然河川径流量中的地下水排泄量和地下水补给量中来源于地表水的入渗补给量。

9. 湿地　指天然或人工、长久或暂时性的沼泽地、泥炭地或水域地带，包括静止或流动、淡水、半咸水、咸水体，低潮时水深不超过6米的水域以及海岸地带地区的珊瑚滩和海草床、滩涂、红树林、河口、河流、淡水沼泽、沼泽森林、湖泊、盐沼及盐湖。

10. 红树林　指生长在热带、亚热带低能海岸潮间带上部，受周期性潮水浸淹，以红树植物为主体的常绿灌木或乔木组成的潮滩湿地木本生物群落。

11. 平均气温　指空气的温度，我国一般以摄氏度为单位表示。气象观测的温度表是放在离地面约1.5米处通风良好的百叶箱里测量的，因此，通常说的气温指的是离地面1.5米处百叶箱中的温度。计算方法：月平均气温是将全月各日的平均气温相加，除以该月的天数而得。年平均气温是将12个月的月平均气温累加后除以12而得。

12. 平均相对湿度　指空气中实际水气压与当时气温下的饱和水气压之比。其统计方法与气温相同。

13. 降水量　指从天空降落到地面的液态或固态(经融化后)水，未经蒸发、渗透、流失而在地面上积聚的深度。计算方法：月降水量是将全月各日的降水量累加而得。年降水量是将12个月的月降水量累加而得。

14. 日照时数　指太阳实际照射地面的时数，通常以小时为单位表示。其统计方法与降水量相同。

Explanatory Notes on Main Statistical Indicators

1. Coastal Region   refers to the regions with coastlines (continental and island coastlines), which are divided into the coastal provinces, autonomous regions and municipalities directly under the Central Government according to the administrative zoning.

2. Coastal City   refers to the municipalities directly under the Central Government and the prefecture-level cities (including all the districts, counties and county-level cities under them).

3. Coastal County (District)   refers to the counties, county-level cities and districts with coastlines (including the districts under the municipalities directly under the Central Government and the prefecture-level districts).

4. Ocean   is the general name for sea and ocean. Ocean refers to the main body of large salt water connected with the earth surface. Sea refers to the edge areas of the salt water on the earth surface that are compartmentalized or surrounded by land, island, reef or peninsula.

5. Total Water Resources   refers to total volume of surface water and groundwater which is from the local precipitation and is measured as the summation of run-off for surface water and recharge of groundwater from local precipitation.

6. Surface Water Resources   refers to total volume of year renewable water flow which exist in rivers, lakes, glaciers and other surface water, and that measured as the natural run-off of rivers.

7. Groundwater Resources   refers to total volume of yearly renewable water flow which exist in saturation aquifers of groundwater, and are measured as recharge of groundwater from local precipitation and surface water.

8. Overlapped Measurement between Surface Water and Groundwater   refers to the part of mutual transfer between surface water and groundwater, i.e. which is the run-off of rivers includes some depletion into groundwater while groundwater includes recharge from surface water.

9. Wetlands   refer to marshland and peat bog, whether natural or man-made, permanent or temporary; water covered areas, whether stagnant or flowing, with fresh or semi-fresh or salty water that is less than 6 meters deep at low tide; as well as coral beach, weed beach, mud beach, mangrove, river outlet, rivers, fresh-water marshland, marshland forests, lakes, salty bog and salt lakes along the coastal areas.

10. Mangrove   refers to evergreen woody plants or plant communities in tropical or sub-tropical zones which live between the sea and the land in areas which are inundated by tides.

11. Average Temperature   refers to the average air temperature on a regular basis. China uses centigrade as the unit. The thermometry used for weather observation is put in a breezy shutter, which is 1.5 meters high from the ground. Therefore, the commonly used temperature refers to the temperature in the breezy shutter 1.5 meters away from the ground. The calculation method is as follows:

Monthly average temperature is the summation of average daily temperature of one month divided by the actual days of that particular month.

Annual average temperature is the summation of monthly average of a year divided by 12 months.

12. Average Relative Humidity   refers to the ratio of actual water vapour pressure to the saturation water vapour pressure under the current temperature. The calculation method is the same as that of temperature.

13. Volume of Precipitation   refers to the deepness of liquid state or solid state (thawed) water falling from atmosphere reaching to the Earth's surface that has not been evaporated, percolate or run off. The calculation method is as follows:

Monthly precipitation is the summation of daily precipitation of a month.

Annual precipitation is the summation of 12 months precipitation of a year.

14. Sunshine Hours   refer to the actual hours of sun irradiating the earth, usually expressed in hours. The calculation method is the same as that of the precipitation.

2

海洋经济核算
Marine Economic Accounting

2-1 全国海洋生产总值
National Gross Ocean Product

年 份 Year	海洋生产总值（亿元） Gross Ocean Product (100 million yuan)	第一产业 Primary Industry	第二产业 Secondary Industry	第三产业 Tertiary Industry	海洋生产总值 占国内生产总值 比重（%） Proportion of the Gross Ocean Product in GDP (%)	海洋生产总值 增长速度 （可比价计算） （%） Growth Rate of the Gross Ocean Product (%)
2001	9518.4	646.3	4152.1	4720.1	8.59	
2002	11270.5	730.0	4866.2	5674.3	9.26	19.8
2003	11952.3	766.2	5367.6	5818.5	8.70	4.2
2004	14662.0	851.0	6662.8	7148.2	9.06	16.9
2005	17655.6	1008.9	8046.9	8599.8	9.43	16.3
2006	21592.4	1228.8	10217.8	10145.7	9.84	18.0
2007	25618.7	1395.4	12011.0	12212.3	9.49	14.8
2008	29718.0	1694.3	13735.3	14288.4	9.31	9.9
2009	32161.9	1857.7	14926.5	15377.6	9.23	8.8
2010	39619.2	2008.0	18919.6	18691.6	9.61	15.3
2011	45580.4	2381.9	21667.6	21530.8	9.34	10.0
2012	50172.9	2670.6	23450.2	24052.1	9.32	8.1
2013	54718.3	3037.7	24608.9	27071.7	9.23	7.8
2014	60699.1	3109.5	26660.0	30929.6	9.43	7.9
2015	65534.4	3327.7	27671.9	34534.8	9.51	7.0
2016	69693.7	3570.9	27666.6	38456.2	9.34	6.7
2017	76749.0	3628.1	28951.9	44169.0	9.22	6.9
2018	78077.8	3842.7	26854.0	47381.1	8.49	—
2019	84292.1	3818.5	28074.1	52399.5	8.54	6.4

注：2018年、2019年数据基于第四次经济普查数据调整修订(本部分其他表同）。

Note: The data of 2018 and 2019 are adjusted and revised based on the data of the Fourth National Economic Census.

The same applies to the other tables in Part 2.

2-2 全国海洋生产总值构成
Composition of National Gross Ocean Product

单位：% (%)

年　份 Year	第一产业 Primary Industry	第二产业 Secondary Industry	第三产业 Tertiary Industry
2001	6.8	43.6	49.6
2002	6.5	43.2	50.3
2003	6.4	44.9	48.7
2004	5.8	45.4	48.8
2005	5.7	45.6	48.7
2006	5.7	47.3	47.0
2007	5.4	46.9	47.7
2008	5.7	46.2	48.1
2009	5.8	46.4	47.8
2010	5.1	47.8	47.2
2011	5.2	47.5	47.2
2012	5.3	46.7	47.9
2013	5.6	45.0	49.5
2014	5.1	43.9	51.0
2015	5.1	42.2	52.7
2016	5.1	39.7	55.2
2017	4.7	37.7	57.5
2018	4.9	34.4	60.7
2019	4.5	33.3	62.2

2-3 全国海洋及相关产业增加值
Added Values of Marine and Related Industries

单位：亿元 (100 million yuan)

年 份 Year	合 计 Total	海洋产业 Marine Industry	主要海洋产业 Major Marine Industry	海洋科研教育管理服务业 Marine Scientific Research, Education, Management and Service	海洋相关产业 Ocean-related Industries
2001	9518.4	5733.6	3856.6	1877.0	3784.8
2002	11270.5	6787.3	4696.8	2090.5	4483.2
2003	11952.3	7137.7	4754.4	2383.3	4814.6
2004	14662.0	8710.1	5827.7	2882.5	5951.9
2005	17655.6	10539.0	7188.0	3350.9	7116.6
2006	21592.4	12696.7	8790.4	3906.4	8895.6
2007	25618.7	15070.6	10478.3	4592.3	10548.0
2008	29718.0	17591.2	12176.0	5415.2	12126.8
2009	32161.9	18769.4	12768.4	6001.0	13392.5
2010	39619.2	22886.4	16187.8	6698.5	16732.8
2011	45580.4	26517.6	18865.2	7652.4	19062.8
2012	50172.9	29404.6	20829.9	8574.8	20768.2
2013	54718.3	32658.7	22462.3	10196.4	22059.6
2014	60699.1	36364.9	25303.4	11061.5	24334.1
2015	65534.4	39554.9	26838.8	12716.0	25979.5
2016	69693.7	43013.0	28391.9	14621.1	26680.6
2017	76749.0	48327.3	31122.5	17204.8	28421.8
2018	78077.8	50538.8	31228.6	19310.2	27539.0
2019	84292.1	55214.7	33442.4	21772.3	29077.4

2-4 全国海洋及相关产业增加值构成
Composition of the Added Values of Marine and Related Industries

单位：%   (%)

年 份 Year	合 计 Total	海洋产业 Marine Industry	主要海洋产业 Major Marine Industry	海洋科研教育管理服务业 Marine Scientific Research, Education, Management and Service	海洋相关产业 Ocean-related Industries
2001	100.0	60.2	40.5	19.7	39.8
2002	100.0	60.2	41.7	18.5	39.8
2003	100.0	59.7	39.8	19.9	40.3
2004	100.0	59.4	39.7	19.7	40.6
2005	100.0	59.7	40.7	19.0	40.3
2006	100.0	58.8	40.7	18.1	41.2
2007	100.0	58.8	40.9	17.9	41.2
2008	100.0	59.2	41.0	18.2	40.8
2009	100.0	58.4	39.7	18.7	41.6
2010	100.0	57.8	40.9	16.9	42.2
2011	100.0	58.2	41.4	16.8	41.8
2012	100.0	58.6	41.5	17.1	41.4
2013	100.0	59.7	41.1	18.6	40.3
2014	100.0	59.9	41.7	18.2	40.1
2015	100.0	60.4	41.0	19.4	39.6
2016	100.0	61.7	40.7	21.0	38.3
2017	100.0	63.0	40.6	22.4	37.0
2018	100.0	64.7	40.0	24.7	35.3
2019	100.0	65.5	39.7	25.8	34.5

2-5 全国主要海洋产业增加值（2019年）
Added Values of National Major Marine Industries (2019)

主要海洋产业 Major Marine Industry	增加值 （亿元） Added Value (100 million yuan)	比上年增长（%） （按可比价计算） Percentage of Increase over Last Year (%) (at comparable price)
合　计 Total	33442.4	5.6
海洋渔业 Marine Fishery Industry	4635.1	0.4
海洋油气业 Offshore Oil and Natural Gas Industry	1532.9	4.1
海洋矿业 Marine Mining Industry	185.3	- 2.5
海洋盐业 Sea Salt Industry	37.8	4.0
海洋船舶工业 Marine Shipbuilding Industry	1128.2	5.8
海洋化工业 Marine Chemical Industry	521.5	- 2.3
海洋生物医药业 Marine Biomedicine Industry	415.2	8.4
海洋工程建筑业 Marine Engineering Architecture Industry	1175.1	2.6
海洋电力业 Marine Electric Power Industry	207.5	11.7
海水利用业 Seawater Utilization Industry	18.8	12.6
海洋交通运输业 Marine Communications and Transportation Industry	5589.2	2.2
滨海旅游业 Coastal Tourism	17995.8	8.8

2-6 海洋渔业增加值
Added Value of Marine Fishery Industry

单位：亿元 (100 million yuan)

年 份 Year	增加值 Added Value
2001	966.0
2002	1091.2
2003	1145.0
2004	1271.2
2005	1507.6
2006	1672.0
2007	1906.0
2008	2228.6
2009	2440.8
2010	2851.6
2011	3202.9
2012	3560.5
2013	3997.6
2014	4126.6
2015	4317.4
2016	4615.4
2017	4700.7
2018	4608.3
2019	4635.1

2-7 海洋油气业增加值
Added Value of Offshore Oil and Gas Industry

单位：亿元   (100 million yuan)

年　份 Year	增加值 Added Value
2001	176.8
2002	181.8
2003	257.0
2004	345.1
2005	528.2
2006	668.9
2007	666.9
2008	1020.5
2009	614.1
2010	1302.2
2011	1719.7
2012	1718.7
2013	1666.6
2014	1530.4
2015	981.9
2016	868.8
2017	1145.2
2018	1476.5
2019	1532.9

2-8 海洋矿业增加值
Added Value of Marine Mining Industry

单位：亿元 (100 million yuan)

年 份 Year	增加值 Added Value
2001	1.0
2002	1.9
2003	3.1
2004	7.9
2005	8.3
2006	13.4
2007	16.3
2008	35.2
2009	41.6
2010	45.2
2011	53.3
2012	45.1
2013	54.0
2014	59.6
2015	63.9
2016	67.3
2017	65.2
2018	179.0
2019	185.3

注：自2008年起，部分地区统计矿种增加。

Note: Since 2008, the data have included the added statistical kinds of minerals in some regions.

2-9 海洋盐业增加值
Added Value of Marine Salt Industry

单位：亿元   (100 million yuan)

年　份 Year	增加值 Added Value
2001	32.6
2002	34.2
2003	28.4
2004	39.0
2005	39.1
2006	37.1
2007	39.9
2008	43.6
2009	43.6
2010	65.5
2011	76.8
2012	60.1
2013	63.2
2014	68.3
2015	41.0
2016	38.9
2017	42.3
2018	36.7
2019	37.8

2-10 海洋船舶工业增加值
Added Value of Marine Shipbuilding Industry

单位：亿元   (100 million yuan)

年　份 Year	增加值 Added Value
2001	109.3
2002	117.4
2003	152.8
2004	204.1
2005	275.5
2006	339.5
2007	524.9
2008	742.6
2009	986.5
2010	1215.6
2011	1352.0
2012	1291.3
2013	1213.2
2014	1395.5
2015	1445.7
2016	1492.4
2017	1091.5
2018	1057.7
2019	1128.2

2-11 海洋化工业增加值
Added Value of Marine Chemical Industry

单位：亿元   (100 million yuan)

年　份 Year	增加值 Added Value
2001	64.7
2002	77.1
2003	96.3
2004	151.5
2005	153.3
2006	440.4
2007	506.6
2008	416.8
2009	465.3
2010	613.8
2011	695.9
2012	843.0
2013	813.9
2014	920.0
2015	964.2
2016	961.8
2017	1021.0
2018	535.3
2019	521.5

注：自2006年起，部分地区统计产品品种增加。

Note: Since 2006, the data have included the added statistical kinds of products in some regions.

2-12 海洋生物医药业增加值
Added Value of Marine Biomedicine Industry

单位：亿元
(100 million yuan)

年 份 Year	增加值 Added Value
2001	5.7
2002	13.2
2003	16.5
2004	19.0
2005	28.6
2006	34.8
2007	45.4
2008	56.6
2009	52.1
2010	83.8
2011	150.8
2012	184.7
2013	238.7
2014	258.1
2015	295.7
2016	341.3
2017	389.1
2018	376.7
2019	415.2

2-13 海洋工程建筑业增加值
Added Value of Marine Engineering Architecture Industry

单位：亿元   (100 million yuan)

年 份 Year	增加值 Added Value
2001	109.2
2002	145.4
2003	192.6
2004	231.8
2005	257.2
2006	423.7
2007	499.7
2008	347.8
2009	672.3
2010	874.2
2011	1086.8
2012	1353.8
2013	1595.5
2014	1735.0
2015	2073.5
2016	1731.3
2017	1846.4
2018	1114.3
2019	1175.1

2-14 海洋电力业增加值
Added Value of Marine Electric Power Industry

单位：亿元 (100 million yuan)

年 份 Year	增加值 Added Value
2001	1.8
2002	2.2
2003	2.8
2004	3.1
2005	3.5
2006	4.4
2007	5.1
2008	11.3
2009	20.8
2010	38.1
2011	59.2
2012	77.3
2013	91.5
2014	107.7
2015	120.1
2016	128.5
2017	151.7
2018	184.8
2019	207.5

2-15 海水利用业增加值
Added Value of Seawater Utilization Industry

单位：亿元   (100 million yuan)

年　份 Year	增加值 Added Value
2001	1.1
2002	1.3
2003	1.7
2004	2.4
2005	3.0
2006	5.2
2007	6.2
2008	7.4
2009	7.8
2010	8.9
2011	10.4
2012	11.1
2013	11.9
2014	12.7
2015	13.7
2016	13.7
2017	15.8
2018	16.7
2019	18.8

2-16 海洋交通运输业增加值
Added Value of Marine Communications and Transportation Industry

单位：亿元 (100 million yuan)

年　份 Year	增加值 Added Value
2001	1316.4
2002	1507.4
2003	1752.5
2004	2030.7
2005	2373.3
2006	2531.4
2007	3035.6
2008	3499.3
2009	3146.6
2010	3785.8
2011	4217.5
2012	4752.6
2013	4876.5
2014	5336.9
2015	5641.1
2016	5699.8
2017	6081.0
2018	5564.4
2019	5589.2

2-17 滨海旅游业增加值
Added Value of Coastal Tourism

单位：亿元 (100 million yuan)

年 份 Year	增加值 Added Value
2001	1072.0
2002	1523.7
2003	1105.8
2004	1522.0
2005	2010.6
2006	2619.6
2007	3225.8
2008	3766.4
2009	4277.1
2010	5303.1
2011	6239.9
2012	6931.8
2013	7839.7
2014	9752.8
2015	10880.6
2016	12432.8
2017	14572.5
2018	16078.1
2019	17995.8

2-18 沿海地区海洋生产总值（2019年）
Gross Ocean Product by Coastal Regions (2019)

地 区 Region	海洋生产总值（亿元） Gross Ocean Product (100 million yuan)				海洋生产总值 占地区生产总值比重 （%） Proportion of the Gross Ocean Product in the Gross Regional Product （%）
		第一产业 Primary Industry	第二产业 Secondary Industry	第三产业 Tertiary Industry	
合 计 **Total**	**84292.1**	**3818.5**	**28074.1**	**52399.5**	**8.5**
天 津 Tianjin	5268.0	10.2	2536.5	2721.3	37.4
河 北 Hebei	2650.0	103.9	858.6	1687.4	7.5
辽 宁 Liaoning	3422.9	333.3	952.8	2136.8	13.7
上 海 Shanghai	10406.4	9.9	3199.4	7197.1	27.3
江 苏 Jiangsu	7721.4	433.7	3678.3	3609.4	7.7
浙 江 Zhejiang	8194.0	596.6	2365.5	5231.9	13.1
福 建 Fujian	11409.3	670.7	3618.7	7119.9	26.9
山 东 Shandong	13444.9	684.9	4939.8	7820.2	18.9
广 东 Guangdong	18588.2	468.9	5189.6	12929.8	17.3
广 西 Guangxi	1612.5	241.3	481.8	889.4	7.6
海 南 Hainan	1574.5	265.1	253.0	1056.4	29.7

注：沿海地区生产总值数据来源于《中国统计年鉴2020》。

Note: The data of the Gross Regional Product of coastal regions come from the *China Statistical Yearbook 2020* .

2-19 沿海地区海洋生产总值构成（2019年）
Composition of Gross Ocean Product by Coastal Regions (2019)

单位：% (%)

地 区 Region	海洋生产总值 Gross Ocean Product	第一产业 Primary Industry	第二产业 Secondary Industry	第三产业 Tertiary Industry
合 计 **Total**	**100.0**	**4.5**	**33.3**	**62.2**
天 津 Tianjin	100.0	0.2	48.1	51.7
河 北 Hebei	100.0	3.9	32.4	63.7
辽 宁 Liaoning	100.0	9.7	27.8	62.4
上 海 Shanghai	100.0	0.1	30.7	69.2
江 苏 Jiangsu	100.0	5.6	47.6	46.7
浙 江 Zhejiang	100.0	7.3	28.9	63.9
福 建 Fujian	100.0	5.9	31.7	62.4
山 东 Shandong	100.0	5.1	36.7	58.2
广 东 Guangdong	100.0	2.5	27.9	69.6
广 西 Guangxi	100.0	15.0	29.9	55.2
海 南 Hainan	100.0	16.8	16.1	67.1

2-20 沿海地区海洋及相关产业增加值（2019年）
Added Values of Marine and Related Industries
by Coastal Regions (2019)

单位：亿元　　　　　　　　　　　　　　　　　　　　　　　　　　　　　　　　(100 million yuan)

地　区 Region	合　计 Total	海洋产业 Marine Industry	主要海洋产业 Major Marine Industry	海洋科研教育管理服务业 Industries of Marine Scientific Research, Education, Management and Service	海洋相关产业 Ocean-related Industries
合　计 **Total**	**84292.1**	**55214.7**	**33442.4**	**21772.3**	**29077.4**
天　津 Tianjin	5268.0	3256.7	2899.6	357.1	2011.3
河　北 Hebei	2650.0	1761.5	1599.8	161.7	888.5
辽　宁 Liaoning	3422.9	2454.9	1580.6	874.3	968.0
上　海 Shanghai	10406.4	6771.7	3176.9	3594.8	3634.7
江　苏 Jiangsu	7721.4	4514.7	2964.4	1550.3	3206.7
浙　江 Zhejiang	8194.0	5493.0	3189.8	2303.1	2701.1
福　建 Fujian	11409.3	6832.6	5132.9	1699.7	4576.6
山　东 Shandong	13444.9	8546.6	5492.6	3054.0	4898.3
广　东 Guangdong	18588.2	13368.9	5878.1	7490.8	5219.3
广　西 Guangxi	1612.5	1054.8	841.7	213.2	557.7
海　南 Hainan	1574.5	1159.2	685.9	473.2	415.3

2-21 沿海地区海洋及相关产业增加值构成（2019年）
Composition of the Added Values of Marine and Related Industries by Coastal Regions (2019)

单位：% (%)

地 区 Region	合 计 Total	海洋产业 Marine Industry	主要海洋产业 Major Marine Industry	海洋科研教育管理服务业 Industries of Marine Scientific Research, Education, Management and Service	海洋相关产业 Ocean-related Industries
合 计 Total	**100.0**	**65.5**	**39.7**	**25.8**	**34.5**
天 津 Tianjin	100.0	61.8	55.0	6.8	38.2
河 北 Hebei	100.0	66.5	60.4	6.1	33.5
辽 宁 Liaoning	100.0	71.7	46.2	25.5	28.3
上 海 Shanghai	100.0	65.1	30.5	34.5	34.9
江 苏 Jiangsu	100.0	58.5	38.4	20.1	41.5
浙 江 Zhejiang	100.0	67.0	38.9	28.1	33.0
福 建 Fujian	100.0	59.9	45.0	14.9	40.1
山 东 Shandong	100.0	63.6	40.9	22.7	36.4
广 东 Guangdong	100.0	71.9	31.6	40.3	28.1
广 西 Guangxi	100.0	65.4	52.2	13.2	34.6
海 南 Hainan	100.0	73.6	43.6	30.1	26.4

主要统计指标解释

1. 海洋经济　是开发、利用和保护海洋的各类产业活动以及与之相关联活动的总和。

2. 海洋生产总值　是海洋经济生产总值的简称，指按市场价格计算的沿海地区常住单位在一定时期内海洋经济活动的最终成果，是海洋产业和海洋相关产业增加值之和。

3. 海洋产业　是开发、利用和保护海洋所进行的生产和服务活动，包括海洋渔业、海洋油气业、海洋矿业、海洋盐业、海洋化工业、海洋生物医药业、海洋电力业、海水利用业、海洋船舶工业、海洋工程建筑业、海洋交通运输业、滨海旅游业等主要海洋产业以及海洋科研教育管理服务业。

4. 海洋科研教育管理服务业　是开发、利用和保护海洋过程中所进行的科研、教育、管理及服务等活动，包括海洋信息服务业、海洋环境监测预报服务、海洋保险与社会保障业、海洋科学研究、海洋技术服务业、海洋地质勘查业、海洋环境保护业、海洋教育、海洋管理、海洋社会团体与国际组织等。

5. 海洋相关产业　是指以各种投入产出为联系纽带，与主要海洋产业构成技术经济联系的上下游产业，涉及海洋农林业、海洋设备制造业、涉海产品及材料制造业、涉海建筑与安装业、海洋批发与零售业、涉海服务业等。

6. 海洋三次产业　我国的海洋三次产业划分如下：

海洋第一产业：是指海洋渔业中的海洋水产品、海洋渔业服务业，以及海洋相关产业中属于第一产业范畴的部门。

海洋第二产业：是指海洋渔业中海洋水产品加工、海洋油气业、海洋矿业、海洋盐业、海洋化工业、海洋生物医药业、海洋电力业、海水利用业、海洋船舶工业、海洋工程建筑业，以及海洋相关产业中属于第二产业范畴的部门。

海洋第三产业：是指除海洋第一、第二产业以外的其他行业。第三产业包括海洋交通运输业、滨海旅游业、海洋科研教育管理服务业，以及海洋相关产业中属于第三产业范畴的部门。

7. 海洋渔业　包括海水养殖、海洋捕捞、海洋渔业服务业和海洋水产品加工等活动。

8. 海洋油气业　是指在海洋中勘探、开采、输送、加工原油和天然气的生产活动。

9. 海洋矿业　包括海滨砂矿、海滨土砂石与煤矿及深海矿物等的采选活动。

10. 海洋盐业　是指利用海水生产以氯化钠为主要成分的盐产品的活动，包括采盐和盐加工。

11. 海洋船舶工业　是指以金属或非金属为主要材料，制造海洋船舶、海上固定及浮动装置的活动，以及对海洋船舶的修理及拆卸活动。

12. 海洋化工业　包括海盐化工、海水化工、海藻化工及海洋石油化工的化工产品生产活动。

13. 海洋生物医药业　是指以海洋生物为原料或提取有效成分，进行海洋药品与海洋保健品的生产加工及制造活动。

14. 海洋工程建筑业　是指在海上、海底和海岸所进行的用于海洋生产、交通、娱乐、防护等用途的建筑工程施工及其准备活动；包括海港建筑、滨海电站建筑、海岸堤坝建筑、海洋隧道桥梁建筑、海上油气田陆地终端及处理设施建造、海底线路管道和设备安装，不包括各部门、各地区的房屋建筑及房屋装修工程。

15. 海洋电力业　是指在沿海地区利用海洋能、海洋风能进行的电力生产活动。不包括沿海地区的火力发电和核力发电。

16. 海水利用业　是指对海水的直接利用和海水淡化活动，包括利用海水进行淡水生产和将海水应用于工业冷却用水和城市生活用水、消防用水等活动，不包括海水化学资源综合利用活动。

17. 海洋交通运输业　是指以船舶为主要工具从事海洋运输以及为海洋运输提供服务的活动，包括远洋旅客运输、沿海旅客运输、远洋货物运输、沿海货物运输、水上运输辅助活动、管道运输业、装卸搬运及其他运输服务活动。

18. 滨海旅游业　是指以海岸带、海岛及海洋各种自然景观、人文景观为依托的旅游经营、服务活动，主要包括：海洋观光游览、休闲娱乐、度假住宿、体育运动等活动。

Explanatory Notes on Main Statistical Indicators

1. Marine Economy　is the summation of various types of industrial activities for developing, utilizing and protecting the ocean as well as the activities associated with there.

2. Gross Ocean Product　is the short form of the gross output value of ocean economy, referring to the final result of marine economic activities of the permanent units in the coastal region within a given period calculated at the market price, and the sum total of the added values of the marine and marine-related industries.

3. Marine industry　refers to the production and service activities for developing, utilizing and protecting the ocean, including major marine industries such as marine fishery industry, offshore oil and gas industry, marine mining industry, sea salt industry, marine chemical industry, marine biomedicine industry, marine electric power industry, seawater utilization industry, marine shipbuilding industry, marine engineering construction industry, marine communications and transport industry, coastal tourism etc., as well as marine scientific research, education, management and service.

4. Marine Scientific Research, Education, Management and Service　refer to the activities of scientific research, education, management and service carried out in the process of developing, utilizing and protecting the ocean, including marine information service industry, marine environment monitoring and forecasting service, marine insurance and social security industry, marine scientific research, marine technological service industry, ocean geological prospecting industry, marine environmental protection industry, marine education, marine management, marine social groups and international organizations etc.

5. Marine-Related Industry　refers to the lower and upper reaches enterprises that form a technical and economic link with the major marine industries, with various inputs and outputs as ties, involving marine agriculture and forestry, marine equipment manufacturing, marine-related products and materials manufacturing industry, marine-related construction and installation industry, marine wholesale and retail industry, marine-related service industry etc.

6. Marine Three Industries   Chinese marine three industries are divided as follows:

Marine primary industry   refers to the marine aquatic products and marine fishery service industry in the marine fishery as well as the sectors belonging to the primary industry category in the marine-related industries.

Marine secondary industry   refers to the marine aquatic products processing industry in the marine fishery, offshore oil as gas industry, marine mining industry, sea salt industry, marine chemical industry, marine biomedicine industry, marine electric power industry, seawater utilization industry, marine shipbuilding industry, marine engineering construction industry, as well as the sectors belonging to the category of secondary industry in the marine-related industries.

Marine tertiary Industry   refers to the industries other than the marine primary and secondary industries, including marine communications and transport industry, coastal tourism, marine scientific research, education, management and service industry as well as the sectors belonging to the category of tertiary industry in the marine-related industries.

7. Marine Fishery   includes mariculture, marine fishing, marine fishery service industry and marine aquatic products processing, etc.

8. Offshore Oil and Gas Industry   refers to the production activities of exploring, exploiting, transporting and processing crude oil and natural gas in the ocean.

9. Marine Mining Industry   includes the activities of extracting and dressing beach placers, beach soil and sand, and coal mining and deep-sea mining, etc.

10. Sea Salt Industry   refers to the activity of producing the salt products with the sodium chloride as the main component by utilizing seawater, including salt mining and processing.

11. Shipbuilding Industry   refers to the activity of building ocean vessels, offshore fixed and floating equipment with metals or non-metals as main materials as well as repairing and dismantling ocean vessels.

12. Marine Chemical Industry   includes the production activities of chemical products of sea salt, seawater, sea algal and marine petroleum chemical industries.

13. Marine Biomedicine Industry   refers to the production, processing and manufacturing activities of marine medicines and marine health care products by using marine organisms as raw materials or extracting useful components therefrom.

14. Marine Engineering Construction Industry   refers to the architectural projects construction and its preparations in the sea, at the sea bottom and seacoast for such uses as marine production, transportation, recreation, protection, etc., including constructions of seaports, coastal power stations, coastal dykes, marine tunnels and bridges, building of land terminals of offshore oil and gas fields as well as processing facilities, and installation of submarine pipelines and equipment, but not including the projects of house building and renovation.

15. Marine Electric Power Industry   refers to the activities of generating electric power in the coastal region by making use of ocean energies and ocean wind energy. It does not include the thermal and nuclear power generation in the coastal area.

16. Seawater Utilization Industry　refers to the activities of direct use of sea water and seawater desalination, including those of carrying out freshwater production and applying the seawater as water for industrial cooling, urban domestic water, water for fire fighting etc., but not including the activity of the multipurpose use of seawater chemical resources.

17. Marine Communications and Transport Industry　refers to the activities of carrying out and serving the sea transportation with vessels as main vehicles, including ocean-going passengers transportation, coastal passengers transportation, ocean-going cargo transportation, coastal cargo transportation, auxiliary activities of water transportation, pipeline transportation, loading, unloading and transport as well as other transportation service activities.

18. Coastal Tourism　refers to the tourist business and service activities with the backing of coastal zone, sea islands as well as a variety of natural and human landscapes of the ocean, mainly including marine sightseeing, living a life of leisure and recreation, going on vocation and getting accommodation, sports, etc.

3

主要海洋产业活动

Major Marine Industrial Activities

3-1 全国海水产品产量（按产品类别分）
Production of National Marine Products (by Product Category)

单位：吨 (t)

项　目　　Item	2017	2018	2019
海水产品产量 **Production of Marine Products**	**33217376**	**33014303**	**32824954**
海水养殖产量 **Mariculture Production**	**20006973**	**20312206**	**20653287**
鱼　类　　Fish	1419389	1495088	1605802
甲壳类　　Crustacea	1631185	1702911	1743826
贝　类　　Shellfish	14371304	14439302	14389727
藻　类　　Algae	2227838	2343871	2538396
其　他　　Others	357257	331034	375536
海洋捕捞产量 **Marine Catches**	**11124203**	**10444647**	**10001515**
鱼　类　　Fish	7652163	7162277	6828817
甲壳类　　Crustacea	2075964	1979498	1917943
贝　类　　Shellfish	442890	430403	411943
藻　类　　Algae	19976	18286	17438
头足类　　Cephalopoda	616558	569944	569204
其　他　　Others	316652	284239	256170
远洋渔业产量 **Deep-sea Fishing Production**	**2086200**	**2257450**	**2170152**

3-2 全国海水产品产量（按地区分）（2019年）
Production of National Marine Products (by Regions) (2019)

单位：吨 (t)

地 区 Region	海水产品产量 Production of Marine Products	海水养殖产量 Mariculture Production	海洋捕捞产量 Marine Catches	远洋渔业产量 Deep-sea Fishing Production
全国总计 **National Total**	**32824954**	**20653287**	**10001515**	**2170152**
北 京 Beijing	190497			190497
天 津 Tianjin	40080	5155	26952	7973
河 北 Hebei	695640	448802	190932	55906
辽 宁 Liaoning	3699340	2947318	487098	264924
上 海 Shanghai	195729	0	12592	183137
江 苏 Jiangsu	1370205	915258	445577	9370
浙 江 Zhejiang	4436164	1270357	2723652	442155
福 建 Fujian	7235283	5107162	1611613	516508
山 东 Shandong	7062086	4970985	1677385	413716
广 东 Guangdong	4554912	3291325	1195747	67840
广 西 Guangxi	1994915	1425970	550819	18126
海 南 Hainan	1350103	270955	1079148	

注：北京市远洋渔业产量包括中农发集团远洋渔业产量。

Note: Deep-sea Fishing Production of Beijing includes that of the China National Agricultural
Development Group Co., Ltd.

3-3 沿海地区海盐产量
Output of Sea Salt by Coastal Regions

单位：万吨 (10000 t)

地 区 Region	2017	2018	2019
合 计 **Total**	**660.0**	**2093.2**	**2175.2**
天 津 Tianjin	182.3	188.7	188.3
河 北 Hebei	329.6	377.7	337.6
辽 宁 Liaoning			96.1
江 苏 Jiangsu	104.2	106.8	80.7
浙 江 Zhejiang	5.5	0.5	
福 建 Fujian	26.2	29.1	22.5
山 东 Shandong		1381.9	1441.0
广 东 Guangdong	5.2	3.6	4.1
海 南 Hainan	7.0	4.9	4.9

注：数据为沿海地区汇总数据。
Note: The data are collected from the coastal regions.

3-4 分地区海船完工量（2019年）
Marine Shipbuilding Completions by Regions (2019)

部门和地区 Sector and Region	海船完工量 Marine Shipbuilding Completions	
	艘 (unit)	万载重吨 (10000 DWT)
合　计　**Total**	**941**	**3693.5**
其　中: Including:		
中船工业集团有限公司 CSSC	126	1088.5
中船重工集团有限公司 CSIC	68	390.5
按地区分: by Regions:		
天　津 Tianjin	6	40.2
辽　宁 Liaoning	43	354.0
上　海 Shanghai	48	747.8
江　苏 Jiangsu	276	1797.5
浙　江 Zhejiang	281	303.2
安　徽 Anhui	20	8.8
福　建 Fujian	18	14.5
山　东 Shandong	143	56.4
湖　北 Hubei	18	129.5
广　东 Guangdong	80	241.1
重　庆 Chongqing	8	0.4

3-5 沿海地区海洋货物运输量和周转量（2019年）
Maritime Freight Traffic and Ton-kilometers
by Coastal Regions (2019)

单位：万吨，万吨·千米 　　　　　　　　　　　　　　　　　(10000 t, 10000 t-km)

地 区 Region	海洋货运量 Maritime Freight Traffic	远 洋 Oceangoing	海洋货物周转量 Maritime Freight Ton-kilometers	远 洋 Oceangoing
合 计 **Total**	**355909**	**83243**	**876610271**	**540574693**
天 津 Tianjin	8955	206	15460099	780651
河 北 Hebei	4160	186	5990355	545221
辽 宁 Liaoning	12498	4713	50272669	43383439
上 海 Shanghai	67652	30650	294171487	244937180
江 苏 Jiangsu	26297	4814	42586774	19331767
浙 江 Zhejiang	83497	2988	97137428	9780034
福 建 Fujian	39689	1228	71196005	4603418
山 东 Shandong	13959	1979	17423308	9504118
广 东 Guangdong	63493	34375	238211369	197782719
广 西 Guangxi	7246	444	8681867	241193
海 南 Hainan	10552	1260	15904594	7321538
其 他 Others	17910	399	19574315	2363415

3-6 沿海地区海洋旅客运输量和周转量（2019年）
Maritime Passenger Traffic and Passenger-kilometers by Coastal Regions (2019)

单位：万人，万人·千米   (10000 persons, 10000 person-km)

地　区 Region	海洋客运量 Maritime Passenger Traffic	远　洋 Oceangoing	海洋旅客周转量 Maritime Passenger-kilometers	远　洋 Oceangoing
合　计 **Total**	**11813**	**1046**	**456966.3**	**137532.3**
天　津 Tianjin	2		127.8	
河　北 Hebei	1	1	895.3	895.3
辽　宁 Liaoning	530	11	60058.7	4965.8
上　海 Shanghai	441	1	7688.9	797.1
江　苏 Jiangsu	22	22	17553.1	17553.1
浙　江 Zhejiang	3443		55910.5	
福　建 Fujian	1612	148	23163.7	7990.3
山　东 Shandong	1509	133	141398.1	60655.2
广　东 Guangdong	2217	729	88778.2	44675.5
广　西 Guangxi	418		20895.6	
海　南 Hainan	1618		40496.5	

3-7 沿海港口客货吞吐量（2019年）
Volume of Passenger and Freight Handled at
Coastal Seaports (2019)

单位：万吨，万人   (10000 t, 10000 persons)

地 区 Region	货物吞吐量 Cargo Handled	外 贸 Foreign Trade	旅客吞吐量 Passenger Throughput	离 港 Leaving
合 计 **Total**	**918774**	**385525**	**8206**	**4118**
天 津 Tianjin	49220	27842	83	41
河 北 Hebei	116315	33487	1	1
辽 宁 Liaoning	86124	28914	619	312
上 海 Shanghai	66351	39664	230	116
江 苏 Jiangsu	31575	14899	21	10
浙 江 Zhejiang	135364	53478	333	166
福 建 Fujian	59484	23752	902	452
山 东 Shandong	161064	88771	1480	737
广 东 Guangdong	167871	57364	2986	1488
广 西 Guangxi	25568	13772	25	12
海 南 Hainan	19839	3581	1526	784

3-8 沿海港口国际标准集装箱吞吐量
Volume of International Standardized Containers Handled at Coastal Seaports

单位：万标准箱，万吨 (10000 TEU, 10000 t)

地　区 Region	2017		2018		2019	
	箱　数 Number of Containers	重　量 Weight	箱　数 Number of Containers	重　量 Weight	箱　数 Number of Containers	重　量 Weight
合　计 Total	**21099**	**246735**	**22203**	**259106**	**23092**	**263989**
天　津 Tianjin	1507	16444	1601	17337	1730	19024
河　北 Hebei	374	4984	426	5785	413	5003
辽　宁 Liaoning	1950	33019	1926	31646	1689	24184
上　海 Shanghai	4023	39759	4201	41126	4330	42314
江　苏 Jiangsu	492	4902	494	4916	505	5068
浙　江 Zhejiang	2687	27638	2898	29339	3063	30576
福　建 Fujian	1565	20192	1647	21980	1726	22986
山　东 Shandong	2560	29567	2765	31902	3010	34578
广　东 Guangdong	5504	62130	5714	65007	5976	67448
广　西 Guangxi	228	4414	290	5835	382	7822
海　南 Hainan	209	3685	240	4234	268	4988

3-9 沿海城市国内旅游人数
Domestic Visitors by Coastal Cities

单位：万人·次   (10000 person-times)

城 市　City		2016	2017	2018
合 计	**Total**		274902	
天 津	**Tianjin**	**12036**	**20769**	**22651**
河 北	**Hebei**		**12644**	
唐 山	Tangshan	4469	5591	
秦皇岛	Qinhuangdao	4189	5224	
沧 州	Cangzhou		1829	
辽 宁	**Liaoning**	**20722**	**23110**	**25461**
大 连	Dalian	7634	8410	9288
丹 东	Dandong	4015	4534	4987
锦 州	Jinzhou	2347	2621	2935
营 口	Yingkou	2400	2676	2756
盘 锦	Panjin	2262	2625	3045
葫芦岛	Huludao	2065	2245	2450
上 海	**Shanghai**	**29621**	**31845**	**33977**
江 苏	**Jiangsu**	**9377**	**10558**	**11896**
南 通	Nantong	3792	4247	4767
连云港	Lianyungang	3011	3384	3802
盐 城	Yancheng	2574	2927	3327
浙 江	**Zhejiang**	**61318**	**71947**	
杭 州	Hangzhou	13696	15884	
宁 波	Ningbo	9198	10910	
温 州	Wenzhou	8824	10237	
嘉 兴	Jiaxing	7823	9143	
绍 兴	Shaoxing	8288	9541	
舟 山	Zhoushan	4577	5473	
台 州	Taizhou	8912	10758	

注：数据来源于《2018中国省市经济发展年鉴》和沿海省（自治区、直辖市）统计年鉴。

Note：The data come from the *China Provinces And Cities Economic Development Yearbook 2018* and statistical yearbook of coastal provinces, autonomous regions and municipalities directly under the Central Government.

城 市 City		2016	2017	2018
福 建	**Fujian**	**21825**	**28032**	
福 州	Fuzhou	5414	6606	
厦 门	Xiamen	4904	7444	
莆 田	Putian	2316	2796	
泉 州	Quanzhou	4380	5329	
漳 州	Zhangzhou	2606	3208	
宁 德	Ningde	2206	2649	
山 东	**Shandong**		**34627**	
青 岛	Qingdao		8672	
东 营	Dongying		1667	
烟 台	Yantai		7094	
潍 坊	Weifang		6771	
威 海	Weihai		4263	
日 照	Rizhao		4470	
滨 州	Binzhou		1691	
广 东	**Guangdong**	**26909**	**30275**	**33746**
广 州	Guangzhou	5079	5375	5632
深 圳	Shenzhen	4525	4808	5188
珠 海	Zhuhai	1909	1970	2127
汕 头	Shantou	1605	1851	2131
江 门	Jiangmen	1778	2030	2471
湛 江	Zhanjiang	1912	2194	2597
茂 名	Maoming	840	1092	1394
惠 州	Huizhou	1805	2239	2441
汕 尾	Shanwei	785	839	922
阳 江	Yangjiang	1169	1310	1472
东 莞	Dongguan	1754	1907	1936
中 山	Zhongshan	1056	1267	1334
潮 州	Chaozhou	1016	1463	1919
揭 阳	Jieyang	1678	1928	2183
广 西	**Guangxi**	**5843**	**7650**	**10324**
北 海	Beihai	2473	3070	3935
防城港	Fangchenggang	1569	2016	2747
钦 州	Qinzhou	1801	2564	3642
海 南	**Hainan**	**3008**	**3444**	**3919**
海 口	Haikou	1316	1470	1639
三 亚	Sanya	1607	1762	2028
儋 州	Danzhou	86	213	252

3-10 主要沿海城市接待入境游客人数
Number of Inbound Tourists Received by Major Coastal Cities

单位：人·次 (person-time)

城　市　City		2017	2018	2019
合　计	**Total**	47585633	45745849	89767105
天　津	Tianjin	792094	589644	561038
秦皇岛	Qinhuangdao	153307	164910	138159
大　连	Dalian	1063938	1103100	1144020
上　海	Shanghai	7193302	7420398	7346862
南　通	Nantong	185745	195230	198539
连云港	Lianyungang	26140	28936	33803
杭　州	Hangzhou	2040369	1071638	1133143
宁　波	Ningbo	890726	840102	762032
温　州	Wenzhou	585735	555291	583884
福　州	Fuzhou	1290575	1344660	1435522
厦　门	Xiamen	2517280	1656939	1783150
泉　州	Quanzhou	1383202	1014560	940866
漳　州	Zhangzhou	610788	339346	527994
青　岛	Qingdao	1216971	1308635	1359949
烟　台	Yantai	619339	614552	568220
威　海	Weihai	414427	376604	356755
广　州	Guangzhou	9004800	9006262	28499081
深　圳	Shenzhen	12070100	12170845	33618483
珠　海	Zhuhai	3182500	3259694	5411430
汕　头	Shantou	291000	337784	376460
湛　江	Zhanjiang	372100	425728	542139
中　山	Zhongshan	661100	782893	1071240
北　海	Beihai	145410	160644	176872
海　口	Haikou	181887	261296	291186
三　亚	Sanya	692798	716158	906278

3-11 主要沿海城市接待入境游客情况（2019年）
Breakdown of Inbound Tourists Received
by Major Coastal Cities (2019)

单位：人·次，人·天   (person-time, night)

城 市 City		外国人 Foreigners		香港同胞 Hong Kong Compatriots	
		人次数 Arrivals	人天数 Nights	人次数 Arrivals	人天数 Nights
天　津	Tianjin	507645	3611556	22318	161670
秦皇岛	Qinhuangdao	126312	1094370	4749	34844
大　连	Dalian	976828	1772361	80143	147578
上　海	Shanghai	5991596	23367224	536046	2036975
南　通	Nantong	164350	477764	6756	15227
连云港	Lianyungang	27741	88205	981	2043
杭　州	Hangzhou	839504	2312566	106739	256361
宁　波	Ningbo	601670	1350090	63516	132938
温　州	Wenzhou	420239	963028	35990	79399
福　州	Fuzhou	855488	2821791	162012	447148
厦　门	Xiamen	874366	2606392	207453	514746
泉　州	Quanzhou	289653	848036	445353	1135325
漳　州	Zhangzhou	171949	330496	133991	307221
青　岛	Qingdao	1010371	3134525	133249	432216
烟　台	Yantai	460831	1490924	33770	101037
威　海	Weihai	322812	1190611	4459	14308
广　州	Guangzhou	10972044	11844312	13548108	11343333
深　圳	Shenzhen	2014452	4048720	31173182	31883121
珠　海	Zhuhai	713062	1547344	1875127	2539860
汕　头	Shantou	176864	537667	179932	475020
湛　江	Zhanjiang	282747	451408	210617	367916
中　山	Zhongshan	175666	397005	672053	1110463
北　海	Beihai	93634	200662	49635	98332
海　口	Haikou	193201	313906	28063	44688
三　亚	Sanya	732729	3129998	71248	157525

城　市 City		澳门同胞 Macao Compatriots		台湾同胞 Taiwan Compatriots	
		人次数 Arrivals	人天数 Nights	人次数 Arrivals	人天数 Nights
天　津	Tianjin	2650	20175	28425	225638
秦皇岛	Qinhuangdao	162	1460	6936	40624
大　连	Dalian	2484	5458	84565	150153
上　海	Shanghai	31939	124562	787281	3149124
南　通	Nantong	435	923	26998	88543
连云港	Lianyungang	119	248	4962	19853
杭　州	Hangzhou	11269	25153	175631	397040
宁　波	Ningbo	7498	16466	89348	175916
温　州	Wenzhou	8141	30965	119513	257189
福　州	Fuzhou	59380	135814	358642	987214
厦　门	Xiamen	10715	23944	690616	1601324
泉　州	Quanzhou	61970	130195	143890	397634
漳　州	Zhangzhou	20298	48957	201756	471904
青　岛	Qingdao	48891	152903	167438	525738
烟　台	Yantai	19577	46826	54041	173728
威　海	Weihai	1271	3843	28213	84653
广　州	Guangzhou	1819252	1446945	2159677	1893080
深　圳	Shenzhen	59148	153356	371701	1137632
珠　海	Zhuhai	1980664	1980664	842577	1779017
汕　头	Shantou	2939	8229	16725	49339
湛　江	Zhanjiang	16393	18307	32382	42489
中　山	Zhongshan	128121	211246	95400	191744
北　海	Beihai	13717	30707	19886	42887
海　口	Haikou	3581	5363	66341	101746
三　亚	Sanya	10221	22491	92080	199018

主要统计指标解释

1. 海洋捕捞产量 指国内海域捕捞的天然生长的水产品产量，不包括远洋渔业产量。

2. 海水养殖产量 指从人工投放苗种或天然纳苗并进行人工饲养管理的海水养殖水域中捕捞的水产品产量。

3. 远洋渔业产量 由各远洋渔业企业和各生产单位按我国远洋渔业项目管理办法组织的远洋渔船（队）在非我国管辖海域（外国专属经济区水域或公海）捕捞的水产品产量。中外合资、合作渔船捕捞的水产品只统计按协议应属于中方所有的部分。

4. 海盐产量 指报告期内以海水（含沿海浅层地下卤水）为原料经晒制而成的以氯化钠为主要成分的产品，并经验收后符合质量标准的合格产量。

5. 货运量 指经船舶实际运送的货物重量。

6. 货物周转量 指港口船舶实际运送的每批货物重量与其运送距离的乘积之和。

7. 客运量 指经船舶实际运送的旅客人数。

8. 旅客周转量 指港口船舶实际运送的每位旅客人数与该旅客运送距离的乘积之和。

9. 国际标准集装箱吞吐量 经由水路进、出沿海港区范围并经过装卸的集装箱数量。

10. 接待人次数 指报告期内我国接待游客人数。游客按出游地分为国际游客（即海外游客）和国内游客，按出游时间分为旅游者（过夜游客）和一日游游客（不过夜游客）。

11. 接待人天数 指过夜旅游者的停留天数。

12. 外国人 指外国国籍的人，加入外籍的中国血统华人也计入外国人。

13. 港澳台同胞 指居住在我国香港特别行政区、澳门特别行政区和台湾省的中国同胞。

Explanatory Notes on Main Statistical Indicators

1. Marine Catches refers to the output of marine natural aquatic products caught in the domestic sea area, excluding the output of deep-sea fishing production.

2. Mariculture Production refers to the output of aquatic products whose young are artificially released or naturally collected, and raised and managed artificially, and which are caught from the waters of mariculture.

3. Deep-Sea Fishing Production refers to the output of aquatic products caught in the non-Chinese jurisdictional sea areas (foreign EEZ or high sea) by the distant fishing vessels (fleet) organized by various distant fishing businesses and production units according to the management measures for the China distant fishing projects. The aquatic products caught by the Chinese-foreign joint ventures' and cooperative fishing vessels are counted only for the part owned by the Chinese side according to the agreement.

4. Output of Sea Salt refers to the qualified output of the product with sodium chloride as the main component, which is made from seawater (including coastal shallow underground brine) as raw material and meets the quality standard after acceptance during the reporting period.

5. Freight Traffic   refers to the weight of freight actually transported by vessels.

6. Freight Ton-kilometers   refers to the product sum of the weight of each batch of cargoes actually transported by seaport vessels multiplied by its transport distance.

7. Passenger Traffic   refers to the number of passengers actually transported by vessels.

8. Passenger-kilometers   refers to the product sum of the number of passengers actually transported by seaports vessels multiplied by the transport distance.

9. Volume of International Standardized Containers Handled   refers to the number of loaded and unloaded containers that enter and leave the coastal seaports area.

10. Number of Person-Times Received   refers to the number of visitors received by China in the period reported. Visitors are divided into international visitors (i.e., overseas visitors) and domestic visitors by origin of the travel, and tourists (overnight visitors) and one-day visitors (non overnight visitors) by their length of stay.

11. Number of the Days of Stay   refers to the number of the days of stay of tourists.

12. Foreigners   refers to the people with foreign nationality, including foreign nationals of Chinese descent.

13. Compatriots from Hong Kong, Macao and Taiwan Province   refer to the Chinese compatriots living in the Hong Kong Special Administrative Region, the Macao Special Administrative Region and Taiwan Province.

4

主要海洋产业生产能力
Production Capacity of Major Marine Industries

4-1 沿海地区海水养殖面积
Mariculture Area by Coastal Regions

单位：公顷   (hm²)

地 区 Region	2017	2018	2019
合 计 Total	2084076	2043069	1992177
天 津 Tianjin	3206	2759	813
河 北 Hebei	107583	111404	107041
辽 宁 Liaoning	698400	693190	661817
上 海 Shanghai			
江 苏 Jiangsu	192390	186641	179951
浙 江 Zhejiang	75954	80924	82019
福 建 Fujian	155739	162464	163713
山 东 Shandong	610377	570857	561501
广 东 Guangdong	161690	165614	164990
广 西 Guangxi	47022	47844	49822
海 南 Hainan	31715	21372	20510

注：数据来源于《2020中国渔业统计年鉴》。

Note: The data come from the *China Fishery Statistical Year Book 2020* .

4-2 沿海地区盐田面积和海盐生产能力
Salt Pan Area and Sea Salt Production Capacity by Coastal Regions

地区 Region	盐田总面积（平方千米） Total Area of Salt Pan (km²)		生产面积（平方千米） Production Area (km²)		年末海盐生产能力（万吨） Year-End Capacity of Sea Salt Production (10000 t)	
	2018	2019	2018	2019	2018	2019
合 计 **Total**	**2223**	**2594**	**1475**	**1761**	**2482**	**2893**
天 津 Tianjin	263	263	236	236	161	161
河 北 Hebei	574	555	539	439	377	361
辽 宁 Liaoning		317		258		102
江 苏 Jiangsu	281	284	66	71	120	115
浙 江 Zhejiang	8		3			
福 建 Fujian	51	51	39	39	30	30
山 东 Shandong	990	1064	552	674	1781	2117
广 东 Guangdong	21	21	15	16	6	1
海 南 Hainan	34	40	24	28	7	6

4-3 海上风电项目情况（2019年）
Projects of Offshore Wind Power (2019)

地 区 Region	海上风电新增项目情况 New Offshore Wind Power Projects		海上风电累计项目情况 Installed Offshore Wind Power Projects	
	新增装机数量 （台） New Installed Number (unit)	新增装机容量 （兆瓦） New Installed Capacity (MW)	累计装机数量 （台） Cumulative Installed Number (unit)	累计装机容量 （兆瓦） Cumulative Installed Capacity (MW)
合 计 Total	588	2493.1	1847	7025.6
天 津 Tianjin	0	0.0	36	117.0
河 北 Hebei	33	132.0	73	292.0
辽 宁 Liaoning	35	147.0	64	246.6
上 海 Shanghai	2	12.0	117	417.0
江 苏 Jiangsu	398	1596.4	1281	4725.4
浙 江 Zhejiang	16	64.5	66	264.5
福 建 Fujian	41	200.5	105	489.9
山 东 Shandong	0	0.0	4	15.0
广 东 Guangdong	63	340.8	101	458.3

4-4 主要海洋能电站分布情况
Distribution of Major Ocean Power Stations

电站名称 Name	运行情况 Status of Operation	装机容量 （千瓦） Installed Capacity (kW)
LHD潮流能电站 LHD Tidal Power Station	2016年3月开始建行，2016年8月并网 It began construction in March 2016 and was put into use in August 2016.	1700
岳浦潮汐电站 Yuepu Tidal Power Station	1970年开始建造，1978年停止运行 It began construction in 1970 and stopped power generation in 1978.	300
白沙口潮汐电站 Baishakou Tidal Power Station	1970年开始建造，1978年投入使用，2010年停止运行 It began construction in 1970, was put into use in 1978 and stopped power generation in 2010.	960
海山潮汐电站 Haishan Tidal Power Station	1972年开始建造，1975年投入使用，运行至今 It began construction in 1972, was put into use in 1975 and has been in operation so far.	250
江厦潮汐试验电站 Jiangxia Experimental Tidal Power Station	1972年开始建造，1980年投入使用，运行至今 It began construction in 1972, was put into use in 1980 and has been in operation so far.	4100

4-5 主要海上活动船舶（2019年）
Major Vessels Operating on the Sea (2019)

类　别 Type	艘数 （艘） Number of Vessels (unit)	总吨 （万吨） Gross Tonnage (10000 t)	净载重量 （万吨） Net Weight Tonnage (10000 t)	载客量 （客位） Passenger Capacity (seat)	总功率 （千瓦） Total Power (kW)
海洋机动渔船（生产渔船） Marine Motor Fishing Vessels (Production Fishing Vessels)	208889	820.6			14553907
#远洋渔船 Ocean-going Fishing Vessels Others	2701				2846993
海洋运输船舶 Marine Transport Vessels	12028		126048910.0	258631	36266379
沿　海 Coastal	10364		70799802.0	234915	20928531
远　洋 Ocean-going	1664		55249108.0	23716	15337848
海洋调查船 Marine Research Vessels	49	13.3			
中国科学院 Chinese Academy of Sciences	8	1.9	0.6	479	36351
自然资源部 Ministry of Natural Resources of the PRC	41	11.4		1574①	166308②

注：①为40艘海洋调查船的载客量合计数；
　　②为38艘海洋调查船的总功率合计数。
Notes: ①It's total passenger capacity of 40 marine research vessels;
　　②It's total power of 38 marine research vessels.

4-6 沿海主要港口生产用码头泊位（2019年）
Berths for Productive Use at the Main Coastal Seaports (2019)

单位：米，个 (m, unit)

港 口 Seaport		码头长度 Wharf Length	泊位个数 Number of Berths	万吨级 10000 Tons Class
合 计	**Total**	**830969**	**5317**	**2009**
丹 东	Dandong	7626	42	25
大 连	Dalian	41101	223	104
营 口	Yingkou	18975	86	61
锦 州	Jinzhou	6119	23	21
秦皇岛	Qinhuangdao	15928	72	44
黄 骅	Huanghua	9945	39	35
唐 山	Tangshan	33703	125	122
天 津	Tianjin	37157	144	118
烟 台	Yantai	35458	203	97
威 海	Weihai	12796	78	37
青 岛	Qingdao	29368	117	87
日 照	Rizhao	21662	82	71
上 海	Shanghai	75818	560	185
连云港	Lianyungang	16337	71	59
盐 城	Yancheng	10227	84	22
嘉 兴	Jiaxing	12068	97	34
宁波舟山	Ningbo Zhoushan	95772	627	190
台 州	Taizhou	14789	193	9
温 州	Wenzhou	16905	201	20

港 口 Seaport		码头长度 Wharf Length	泊位个数 Number of Berths	万吨级 10000 Tons Class
福 州	Fuzhou	29315	201	66
莆 田	Putian	5227	26	14
泉 州	Quanzhou	15555	94	25
厦 门	Xiamen	30502	160	80
汕 头	Shantou	9952	86	19
汕 尾	Shanwei	2049	17	3
惠 州	Huizhou	9748	43	21
深 圳	Shenzhen	31471	143	75
虎 门	Humen	16817	112	33
广 州	Guangzhou	51233	490	75
中 山	Zhongshan	2376	34	-
珠 海	Zhuhai	19706	159	29
江 门	Jiangmen	13107	148	6
阳 江	Yangjiang	2384	11	9
茂 名	Maoming	2384	16	9
湛 江	Zhanjiang	16353	119	36
北部湾港	Beibuwan	39502	268	95
海 口	Haikou	9676	69	34
洋 浦	Yangpu	9370	42	30
八 所	Basuo	2488	12	9

4-7 沿海地区星级饭店基本情况（2019年）
Star Grade Hotels and Occupancies by Coastal Regions (2019)

地 区 Region		饭店数（座） Number of Hotels (unit)	客房数（间） Number of Rooms (unit)	床位数（张） Number of Beds (unit)	客房出租率（%） Room Occupancy (%)
合　计	**Total**	**3739**	**577318**	**946438**	
天　津	Tianjin	71	13344	19809	52.17
河　北	Hebei	320	45703	83637	47.05
辽　宁	Liaoning	304	33771	57533	47.60
上　海	Shanghai	190	52152	76765	65.77
江　苏	Jiangsu	408	64960	101164	57.75
浙　江	Zhejiang	528	89507	137310	56.26
福　建	Fujian	290	48135	80031	58.76
山　东	Shandong	502	75535	131194	53.12
广　东	Guangdong	586	90582	150016	59.87
广　西	Guangxi	439	40942	70767	51.94
海　南	Hainan	101	22687	38212	56.14

4-8 沿海地区旅行社数
Number of Travel Agencies by Coastal Regions

单位：家

19417

天　津	Tianjin	475	502
河　北	Hebei	1382	1513
辽　宁	Liaoning	1246	1524
上　海	Shanghai	1382	1758
江　苏	Jiangsu	2364	2943
浙　江	Zhejiang	2216	2769
福　建	Fujian	897	1181
山　东	Shandong	2220	2613
广　东	Guangdong	2450	
广　西	Guangxi		850
		272	483

主要统计指标解释

1. 海水养殖面积 指利用天然海水用于养殖水产品的水面面积，包括海上养殖、滩涂养殖、其他养殖。在报告期内无论是否全部收获或尚未收获其产品，均应统计在海水养殖面积中。但有些滩涂、水面不投放苗种或投放少量苗种，只进行一般管理的，不统计为养殖面积。

2. 盐田总面积 指盐田占有的全部面积。包括储卤、蒸发、保卤、结晶面积、滩内的沟、壕、池、埝、滩坨等面积及滩外的沟、壕、公路及杂地面积。

3. 盐田生产面积 指直接提供给海盐生产的面积，包括结晶面积、蒸发面积、保卤面积，滩内的沟、壕、池、埝面积及滩坨面积。

4. 年末海盐生产能力 指年末企业生产原盐的全部设备的综合平衡能力。海盐生产露天作业，受天气影响，因而计算生产能力时，成熟滩田按 10 年实际平均单位生产面积产量乘以本年成熟滩田生产面积而得，新滩田按设计能力及滩田成熟程度可能达到的产量计算。

5. 海洋机动渔船 指配置机器作为动力的从事海洋渔业生产的船舶。

6. 远洋渔船 按我国远洋渔业项目管理办法在非我国管辖海域（外国专属经济区水域或公海）进行常年或季节性生产的渔船。

7. 泊位个数 指设有系靠船舶设施，在同一时间内可供靠泊最大吨级船舶的艘数。即可靠泊一艘船舶，则计为一个泊位，余类推。泊位分码头泊位和浮筒泊位。

8. 客房数 指饭店实际可用于接待旅游者的房间数。

9. 床位数 指饭店实际可用于接待旅游者的床位数。

Explanatory Notes on Main Statistical Indicators

1. Mariculture Area refers to the area of the water surface where aquatic products are cultivated by using natural seawater, including maritime culture, tidal flat culture and other cultures. Whether or not all the products in the area have been harvested or the products have not been harvested yet in the period covered by the report, the area is included in the Mariculture Area. But some tidal flats and water surfaces where none or a small amount of the young have been released and only general management is carried out are not included in the Mariculture Area.

2. Total Area of Salt Pans refers to the total area covered by salt pans, including the area for brine storage, evaporation, brine preservation, and crystallization, the area of ditches, moats, ponds and banks within the beach as well as beach mounds, and ditches, moats, highway beyond the beach as well as the area of miscellaneous lands.

3. Area of Salt Pan Production refers to the area directly provided for sea-salt productions, including the area for crystallization, evaporation and brine preservation, the area of ditches, moats, ponds and banks within the beach as well as the area of beach mounds.

4. Year-End Capacity of Crude Salt Production refers to the integrated and balanced capacity of all equipment of the enterprise used for crude salt production at the end of the year. As sea salt production is an open-air operation, which is subject to the effect of weather, the production capacity of a matured salt pan is calculated at the productions of the actual average unit production area in ten years times the production area of the matured salt pan in the current year. The production capacity of new salt pans is calculated at the production that may be reached in the light of the designed capacity and the level of maturity of the salt pan.

5. Marine Motor Fishing Vessels refer to the vessels equipped with machines as motive power and going for marine fishery production.

6. Deep Sea Fishing Vessels refer to the fishing vessels which carry out production all the year round or seasonally in the non-Chinese jurisdictional sea areas (foreign EEZ or high sea) according to the China Deep-Sea Fishing Projects Management Measures.

7. **Number of Berths** refers to the spaces equipped with facilities for docking ships and the number of ships of the maximum tonnage that may dock or anchor in them. A space for a ship to dock is counted as one berth and the rest are reasoned out by analogy. Berths are divided into wharf berths and buoy berths.

8. **Number of Rooms** refers to the number of guest rooms actually used by the hotels receiving tourists.

9. **Number of Beds** refers to the number of beds actually used by the hotels receiving tourists.

5

海洋科学技术
Marine Science and Technology

5-1 分行业海洋研究与开发机构及人员（2019年）
Marine R&D Institutions and Personnel
by Industry (2019)

行 业 Industry	机构数（个） Number of Institutions (unit)	从业人员（人） Employees (person)	#从事科技活动人员 Personnel Engaged in Scientifical Activities
合 计 **Total**	**170**	**38094**	**33378**
海洋基础科学研究 **Marine Basic Scientific Research**	**89**	**22522**	**19653**
海洋自然科学 Marine Natural Science	42	16176	14371
海洋社会科学 Marine Social Science	10	1670	1521
海洋农业科学 Marine Agricultural Science	37	4676	3761
海洋工程技术研究 **Marine Engineering Technology Research**	**42**	**11551**	**10285**
海洋化学工程技术、海洋生物工程技术 和海洋能源开发技术 Marine Chemical Engineering Technology, Marine Bioengineering Technology and Marine Energies Development Technology	6	1372	1240

注：机构为地级及以上独立核算的非企业海洋研究与开发机构（本部分其他表同）；
　　行业分类参照《海洋及相关产业分类》（GB/T 20794—2006）标准。
Note: The institutions cover the non-enterprise marine research and development institutions with
　　independent accounting at the prefecture level and above and don't include the scientific research
　　institutions of marine related enterprises.The same applies to the other tables in Part 5.
　　Industries Classification follows the standard Classification of Marine and Marine-related Industries
　　(GB/T 20794—2006).

行 业 Industry	机构数（个） Number of Institutions (unit)	从业人员（人） Employees (person)	#从事科技活动人员 Personnel Engaged in Scientifical Activities
海洋交通运输工程技术 Marine Communications and Transport Engineering Technology	9	2326	2025
海洋环境工程技术 Marine Environmental Engineering Technology	7	2155	1991
河口水利工程技术 Estuarine Water Conservancy Engineering Technology	14	3651	2985
其他海洋工程技术 Other Marine Engineering Technologies	6	2047	2044
海洋技术服务业 **Marine Technological Service Industry**	**13**	**1527**	**1350**
海洋信息服务业 **Marine Information Service**	**11**	**996**	**891**
海洋环境监测预报服务 **Marine Environment Monitoring and** **Forecasting Service**	**15**	**1498**	**1199**

5-2 分行业海洋研究与开发机构R&D人员（2019年）
R&D Personnel in Marine R&D Institutions by Industry (2019)

单位：人 (person)

行　业 Industry	R&D人员 R&D Personnel	博士毕业 Doctor	硕士毕业 Master	本科毕业 Undergraduate	其他 Others
合　计 **Total**	**33776**	**11744**	**11521**	**7495**	**3016**
海洋基础科学研究 **Marine Basic Scientific Research**	**23584**	**9074**	**7272**	**4995**	**2243**
海洋自然科学 Marine Natural Science	19392	8185	5834	3609	1764
海洋社会科学 Marine Social Science	1047	247	398	317	85
海洋农业科学 Marine Agricultural Science	3145	642	1040	1069	394
海洋工程技术研究 **Marine Engineering Technology Research**	**8213**	**2342**	**3432**	**1862**	**577**
海洋化学工程技术、海洋生物工程技术和海洋能源开发技术 Marine Chemical Engineering Technology, Marine Bioengineering Technology and Marine Energies Development Technology	1661	608	544	406	103
海洋交通运输工程技术 Marine Communications and Transport Engineering Technology	875	164	483	206	22

行　业 Industry	R&D人员 R&D Personnel	博士毕业 Doctor	硕士毕业 Master	本科毕业 Undergraduate	其他 Others
海洋环境工程技术 Marine Environmental Engineering Technology	1865	585	748	399	133
河口水利工程技术 Estuarine Water Conservancy Engineering Technology	1761	558	544	393	266
其他海洋工程技术 Other Marine Engineering Technologies	2051	427	1113	458	53
海洋技术服务业 **Marine Technological Service Industry**	**861**	**138**	**307**	**305**	**111**
海洋信息服务业 **Marine Information Service**	**427**	**69**	**229**	**126**	**3**
海洋环境监测预报服务 **Marine Environment Monitoring and Forecasting Service**	**691**	**121**	**281**	**207**	**82**

5-3 分行业海洋研究与开发机构R&D人员全时当量（2019年）
Full-time Equivalent of R&D Personnel in Marine R&D Institutions by Industry (2019)

单位：人年 (man-year)

行　业 Industry	R&D人员全时当量 Full-time Equivalent of R&D Personnel	基础研究 Basic Research	应用研究 Applied Research	试验发展 Experimental Development
合　计 **Total**	**27806**	**11196**	**10100**	**6510**
海洋基础科学研究 **Marine Basic Scientific Research**	**19421**	**8831**	**6544**	**4046**
海洋自然科学 Marine Natural Science	15969	8163	5103	2703
海洋社会科学 Marine Social Science	833	163	508	162
海洋农业科学 Marine Agricultural Science	2619	505	933	1181
海洋工程技术研究 **Marine Engineering Technology Research**	**7125**	**2139**	**3039**	**1947**
海洋化学工程技术、海洋生物工程技术和海洋能源开发技术 Marine Chemical Engineering Technology, Marine Bioengineering Technology and Marine Energies Development Technology	1538	311	903	324
海洋交通运输工程技术 Marine Communications and Transport Engineering Technology	691	61	339	291

行 业 Industry	R&D人员全时当量			
	Intramural Expenditure on R&D	基础研究 Basic Research	应用研究 Applied Research	试验发展 Experimental Development
海洋环境工程技术 Marine Environmental Engineering Technology	1730	1217	232	281
河口水利工程技术 Estuarine Water Conservancy Engineering Technology	1538	197	684	657
其他海洋工程技术 Other Marine Engineering Technologies	1628	353	881	394
海洋技术服务业 **Marine Technological Service** **Industry**	**492**	**122**	**198**	**172**
海洋信息服务业 **Marine Information Service**	**362**	**50**	**130**	**182**
海洋环境监测预报服务 **Marine Environment** **Monitoring and Forecasting Service**	**406**	**54**	**189**	**163**

5-4 分行业按活动类型分海洋研究与开发机构
R&D经费内部支出（2019年）
Intramural Expenditure on R&D of Marine R&D Institutions
by Activities Type by Industry (2019)

单位：万元 (10000 yuan)

行　业 Industry	R&D经费内部支出 Intramural Expenditure on R&D	基础研究 Basic Research	应用研究 Applied Research	试验发展 Experimental Development
合　计 **Total**	**2190316**	**847567**	**901342**	**441407**
海洋基础科学研究 **Marine Basic Scientific Research**	**1612148**	**734485**	**604251**	**273412**
海洋自然科学 Marine Natural Science	1404772	699619	528144	177009
海洋社会科学 Marine Social Science	53845	7616	26920	19309
海洋农业科学 Marine Agricultural Science	153531	27250	49187	77094
海洋工程技术研究 **Marine Engineering Technology Research**	**489120**	**96553**	**270214**	**122352**
海洋化学工程技术、海洋生物工程技术和海洋能源开发技术 Marine Chemical Engineering Technology, Marine Bioengineering Technology and Marine Energies Development Technology	70544	17484	39535	13525
海洋交通运输工程技术 Marine Communications and Transport Engineering Technology	24473	549	7969	15955

行 业 Industry	R&D经费内部支出 Intramural Expenditure on R&D	基础研究 Basic Research	应用研究 Applied Research	试验发展 Experimental Development
海洋环境工程技术 Marine Environmental Engineering Technology	122792	51777	39874	31141
河口水利工程技术 Estuarine Water Conservancy Engineering Technology	110516	22330	57688	30499
其他海洋工程技术 Other Marine Engineering Technologies	160795	4414	125148	31233
海洋技术服务业 **Marine Technological Service** **Industry**	**50733**	**11654**	**16016**	**23063**
海洋信息服务业 **Marine Information Service**	**27182**	**3784**	**7165**	**16232**
海洋环境监测预报服务 **Marine Environment** **Monitoring and Forecasting Service**	**11134**	**1091**	**3695**	**6348**

5-5 分行业按支出类别分海洋研究与开发机构 R&D经费内部支出（2019年）

Intramural Expenditure on R&D of Marine R&D Institutions by Expenditure Category by Industry (2019)

单位：万元 (10000 yuan)

行 业 Industry	R&D经费内部支出 Intramural Expenditure on R&D			
	日常性支出 Routine Expenditure	#人员劳务费 Labor Cost	资产性支出 Assets Expenditure	#仪器与设备支出 Equipment
合 计 **Total**	**1697366**	**693084**	**492950**	**326734**
海洋基础科学研究 **Marine Basic Scientific Research**	**1215442**	**489367**	**396706**	**263648**
海洋自然科学 Marine Natural Science	1058756	417510	346016	244038
海洋社会科学 Marine Social Science	35336	17892	18510	1186
海洋农业科学 Marine Agricultural Science	121351	53965	32180	18424
海洋工程技术研究 **Marine Engineering Technology Research**	**422623**	**177172**	**66497**	**43396**
海洋化学工程技术、海洋生物工程技术和海洋能源开发技术 Marine Chemical Engineering Technology, Marine Bioengineering Technology and Marine Energies Development Technology	53072	25190	17472	11888
海洋交通运输工程技术 Marine Communications and Transport Engineering Technology	21576	12020	2898	2236

行　业 Industry	R&D经费内部支出 Intramural Expenditure on R&D			
	日常性支出 Routine Expenditure	#人员劳务费 Labor Cost	资产性支出 Assets Expenditure	#仪器与设备支出 Equipment
海洋环境工程技术 Marine Environmental Engineering Technology	110250	44145	12542	8398
河口水利工程技术 Estuarine Water Conservancy Engineering Technology	96134	55597	14382	8678
其他海洋工程技术 Other Marine Engineering Technologies	141591	40220	19204	12198
海洋技术服务业 **Marine Technological Service Industry**	**29329**	**10070**	**21403**	**12221**
海洋信息服务业 **Marine Information Service**	**20277**	**9991**	**6904**	**6432**
海洋环境监测预报服务 **Marine Environment Monitoring and Forecasting Service**	**9695**	**6483**	**1439**	**1036**

5-6 分行业按经费来源分海洋研究与开发机构
R&D 经费内部支出（2019年）
Intramural Expenditure on R&D of Marine R&D Institutions
by Source of Funds by Industry (2019)

单位：万元 (10000 yuan)

行 业 Industry	R&D经费内部支出 Intramural Expenditure on R&D				
	政府资金 Government Funds	企业资金 Self-raised Funds by Enterprises	事业单位资金 Public Institution Funds	国外资金 Foreign Funds	其他资金 Other Funds
合 计 **Total**	**1813026**	**189240**	**172163**	**4154**	**11733**
海洋基础科学研究 **Marine Basic Scientific Research**	**1371168**	**84971**	**141992**	**3079**	**10939**
海洋自然科学 Marine Natural Science	1188075	79913	123025	3050	10709
海洋社会科学 Marine Social Science	48571	3378	1896	0	0
海洋农业科学 Marine Agricultural Science	134522	1680	17070	29	230
海洋工程技术研究 **Marine Engineering Technology Research**	**364635**	**102785**	**20335**	**1075**	**289**
海洋化学工程技术、海洋生物工程技术和海洋能源开发技术 Marine Chemical Engineering Technology, Marine Bioengineering Technology and Marine Energies Development Technology	64475	4046	1615	408	0
海洋交通运输工程技术 Marine Communications and Transport Engineering Technology	16786	1931	5756	0	0

5-6 续表 continued

行　业 Industry	R&D经费内部支出 Intramural Expenditure on R&D				
	政府资金 Government Funds	企业资金 Self-raised Funds by Enterprises	事业单位资金 Public Institution Funds	国外资金 Foreign Funds	其他资金 Other Funds
海洋环境工程技术 Marine Environmental Engineering Technology	101439	16714	3978	661	0
河口水利工程技术 Estuarine Water Conservancy Engineering Technology	80144	21770	8313	0	289
其他海洋工程技术 Other Marine Engineering Technologies	101792	58324	674	6	0
海洋技术服务业 **Marine Technological Service Industry**	**43655**	**0**	**7077**	**0**	**0**
海洋信息服务业 **Marine Information Service**	**23185**	**1384**	**2613**	**0**	**0**
海洋环境监测预报服务 **Marine Environment Monitoring and** **Forecasting Service**	**10383**	**100**	**146**	**0**	**505**

5-7 分行业海洋研究与开发机构R&D经费外部支出（2019年）
External Expenditure on R&D of Marine R&D Institutions
by Industry (2019)

单位：万元 (10000 yuan)

行 业 Industry	R&D经费外部支出 External Expenditure on R&D	#对境内研究机构支出 to Domestic Research Institutions	#对境内高等学校支出 to Domestic Higher Education	#对境内企业支出 to Domestic Enterprises
合 计 Total	119441	42167	21405	52682
海洋基础科学研究 Marine Basic Scientific Research	103279	37609	17173	47555
海洋自然科学 Marine Natural Science	90264	30147	13589	45875
海洋社会科学 Marine Social Science	3624	2098	600	638
海洋农业科学 Marine Agricultural Science	9391	5364	2985	1042
海洋工程技术研究 Marine Engineering Technology Research	5947	1415	1507	2539
海洋化学工程技术、海洋生物工程技术和海洋能源开发技术 Marine Chemical Engineering Technology, Marine Bioengineering Technology and Marine Energies Development Technology	6	0	1	4
海洋交通运输工程技术 Marine Communications and Transport Engineering Technology	5812	1395	1423	2509

5-7 续表 continued

行 业 Industry	R&D经费外部支出 External Expenditure on R&D	#对境内研究机构 支出 to Domestic Research Institutions	#对境内高等 学校支出 to Domestic Higher Education	#对境内企业 支出 to Domestic Enterprises
海洋环境工程技术 Marine Environmental Engineering Technology	0	0	0	0
河口水利工程技术 Estuarine Water Conservancy Engineering Technology	129	20	83	26
其他海洋工程技术 Other Marine Engineering Technologies	0	0	0	0
海洋技术服务业 **Marine Technological Service Industry**	**2427**	**801**	**1459**	**149**
海洋信息服务业 **Marine Information Service**	**7153**	**2107**	**1039**	**2349**
海洋环境监测预报服务 **Marine Environment Monitoring and** **Forecasting Service**	**635**	**235**	**227**	**91**

5-8 分行业海洋研究与开发机构R&D课题（2019年）
R&D Projects of Marine R&D Institutions by Industry (2019)

行　业 Industry	R&D课题数 （项） R&D Projects (item)	投入人员 （人年） Input of Personnel (man-year)	投入经费 （万元） Input of Funds (10000 yuan)
合　计 **Total**	**17333**	**22161**	**1118050**
海洋基础科学研究 **Marine Basic Scientific Research**	**13399**	**15380**	**848415**
海洋自然科学 Marine Natural Science	11096	12689	763901
海洋社会科学 Marine Social Science	500	588	19432
海洋农业科学 Marine Agricultural Science	1803	2102	65081
海洋工程技术研究 **Marine Engineering Technology Research**	**3539**	**5678**	**237595**
海洋化学工程技术、海洋生物工程技术和海洋能源开发技术 Marine Chemical Engineering Technology, Marine Bioengineering Technology and Marine Energies Development Technology	894	1377	44569
海洋交通运输工程技术 Marine Communications and Transport Engineering Technology	383	583	10454

行 业 Industry	R&D课题数 （项） R&D Projects (item)	投入人员 （人年） Input of Personnel (man-year)	投入经费 （万元） Input of Funds (10000 yuan)
海洋环境工程技术 Marine Environmental Engineering Technology	1210	1402	47776
河口水利工程技术 Estuarine Water Conservancy Engineering Technology	629	1139	38229
其他海洋工程技术 Other Marine Engineering Technologies	423	1178	96567
海洋技术服务业 **Marine Technological Service Industry**	**247**	**459**	**12139**
海洋信息服务业 **Marine Information Service**	**44**	**338**	**16695**
海洋环境监测预报服务 **Marine Environment** **Monitoring and Forecasting Service**	**104**	**306**	**3207**

5-9 分行业海洋研究与开发机构科技论著（2019年）
Scientific and Technological Papers and Works of Marine R&D Institutions by Industry (2019)

行 业 Industry	发表科技论文（篇） Scientific Papers Issued (piece)	#国内发表 Published in China	出版科技著作 （种） Publication on Science and Technology (kind)
合 计 **Total**	**18915**	**8932**	**437**
海洋基础科学研究 **Marine Basic Scientific Research**	**14124**	**5954**	**261**
海洋自然科学 Marine Natural Science	10639	3195	138
海洋社会科学 Marine Social Science	1315	1253	82
海洋农业科学 Marine Agricultural Science	2170	1506	41
海洋工程技术研究 **Marine Engineering Technology Research**	**4231**	**2555**	**157**
海洋化学工程技术、海洋生物工程技术和海洋能源开发技术 Marine Chemical Engineering Technology, Marine Bioengineering Technology and Marine Energies Development Technology	995	428	14
海洋交通运输工程技术 Marine Communications and Transport Engineering Technology	716	605	73

行 业 Industry	发表科技论文（篇） Scientific Papers Issued (piece)	#国内发表 Published in China	出版科技著作 （种） Publication on Science and Technology (kind)
海洋环境工程技术 Marine Environmental Engineering Technology	983	449	17
河口水利工程技术 Estuarine Water Conservancy Engineering Technology	940	719	49
其他海洋工程技术 Other Marine Engineering Technologies	597	354	4
海洋技术服务业 **Marine Technological Service Industry**	**272**	**185**	**8**
海洋信息服务业 **Marine Information Service**	**172**	**146**	**8**
海洋环境监测预报服务 **Marine Environment Monitoring and Forecasting Service**	**116**	**92**	**3**

5-10 分行业海洋研究与开发机构专利（2019年）
Scientific and Technological Patents of Marine R&D Institutions by Industry (2019)

行 业 Industry	专利申请受理数（件） Number of Patent Applications Accepted (piece)	#发明专利 Inventions	专利授权数（件） Number of Patents Granted (piece)	#发明专利 Inventions
合 计 **Total**	**6115**	**4342**	**4143**	**2517**
海洋基础科学研究 **Marine Basic Scientific Research**	**4013**	**2872**	**2618**	**1770**
海洋自然科学 Marine Natural Science	3183	2301	1998	1420
海洋社会科学 Marine Social Science	87	72	24	16
海洋农业科学 Marine Agricultural Science	743	499	596	334
海洋工程技术研究 **Marine Engineering Technology Research**	**2038**	**1416**	**1476**	**715**
海洋化学工程技术、海洋生物工程技术和海洋能源开发技术 Marine Chemical Engineering Technology, Marine Bioengineering Technology and Marine Energies Development Technology	544	458	247	176
海洋交通运输工程技术 Marine Communications and Transport Engineering Technology	221	61	200	37

5-10 续表1 continued

行　业 Industry	专利申请受理数（件）		专利授权数（件）	
	Number of Patent Applications Accepted (piece)	#发明专利 Inventions	Number of Patents Granted (piece)	#发明专利 Inventions
海洋环境工程技术 Marine Environmental Engineering Technology	206	117	204	72
河口水利工程技术 Estuarine Water Conservancy Engineering Technology	547	396	456	217
其他海洋工程技术 Other Marine Engineering Technologies	520	384	369	213
海洋技术服务业 **Marine Technological Service Industry**	**53**	**49**	**42**	**28**
海洋信息服务业 **Marine Information Service**	**5**	**3**	**5**	**4**
海洋环境监测预报服务 **Marine Environment Monitoring and Forecasting Service**	**6**	**2**	**2**	**0**

行 业 Industry	有效发明专利 （件） Patent in Force (piece)	专利所有权转让 及许可数 （件） Number of Transfer and Licensing of Patent Ownership (piece)	专利所有权转让 及许可收入 （万元） Revenue from Transfer and Licensing of Patent Ownership (10000 yuan)
合 计 **Total**	**14316**	**255**	**55598**
海洋基础科学研究 **Marine Basic Scientific Research**	**10337**	**224**	**54710**
海洋自然科学 Marine Natural Science	7782	209	54231
海洋社会科学 Marine Social Science	84	0	0
海洋农业科学 Marine Agricultural Science	2471	15	479
海洋工程技术研究 **Marine Engineering Technology Research**	**3648**	**30**	**878**
海洋化学工程技术、海洋生物 工程技术和海洋能源开发技术 Marine Chemical Engineering Technology, Marine Bioengineering Technology and Marine Energies Development Technology	1009	20	748
海洋交通运输工程技术 Marine Communications and Transport Engineering Technology	236	2	22

行 业 Industry	有效发明专利 （件） Patent in Force (piece)	专利所有权转让 及许可数 （件） Number of Transfer and Licensing of Patent Ownership (piece)	专利所有权转让 及许可收入 （万元） Revenue from Transfer and Licensing of Patent Ownership (10000 yuan)
海洋环境工程技术 Marine Environmental Engineering Technology	453	2	5
河口水利工程技术 Estuarine Water Conservancy Engineering Technology	719	4	26
其他海洋工程技术 Other Marine Engineering Technologies	1231	2	77
海洋技术服务业 **Marine Technological Service Industry**	**298**	**1**	**10**
海洋信息服务业 **Marine Information Service**	**20**	**0**	**0**
海洋环境监测预报服务 **Marine Environment Monitoring and Forecasting Service**	**13**	**0**	**0**

5-11 分行业海洋研究与开发机构形成标准和
软件著作权（2019年）
Standards and Software Copyrights of Marine R&D Institutions
by Industry (2019)

行 业 Industry	形成国家和行业标准数 （项） Number of National and Industrial Standards (item)	软件著作权数 （件） Number of Software Copyrights (piece)
合 计 **Total**	**188**	**1225**
海洋基础科学研究 **Marine Basic Scientific Research**	**69**	**583**
海洋自然科学 Marine Natural Science	25	407
海洋社会科学 Marine Social Science	0	7
海洋农业科学 Marine Agricultural Science	44	169
海洋工程技术研究 **Marine Engineering Technology Research**	78	590
海洋化学工程技术、海洋生物 工程技术和海洋能源开发技术 Marine Chemical Engineering Technology, Marine Bioengineering Technology and Marine Energies Development Technology	**2**	**17**
海洋交通运输工程技术 Marine Communications and Transport Engineering Technology	48	142

行 业 Industry	形成国家和行业标准数 （项） Number of National and Industrial Standards (item)	软件著作权数 （件） Number of Software Copyrights (piece)
海洋环境工程技术 Marine Environmental Engineering Technology	11	136
河口水利工程技术 Estuarine Water Conservancy Engineering Technology	14	234
其他海洋工程技术 Other Marine Engineering Technologies	3	61
海洋技术服务业 **Marine Technological Service Industry**	**39**	**8**
海洋信息服务业 **Marine Information Service**	**0**	**26**
海洋环境监测预报服务 **Marine Environment Monitoring and** **Forecasting Service**	**2**	**18**

5-12 分地区海洋研究与开发机构及人员（2019年）
Marine R&D Institutions and Personnel by Region (2019)

行 业 Industry	机构数（个） Number of Institutions (unit)	从业人员（人） Employees (person)	#从事科技活动人员 Personnel Engaged in Scientifical Activities
合 计 **Total**	**170**	**38094**	**33378**
北 京 Beijing	17	7362	6228
天 津 Tianjin	9	1878	1761
河 北 Hebei	9	1515	1372
辽 宁 Liaoning	5	1892	1878
上 海 Shanghai	14	3359	2742
江 苏 Jiangsu	11	1998	1846
浙 江 Zhejiang	16	2494	2138
福 建 Fujian	17	1347	1243
山 东 Shandong	27	5769	4826
广 东 Guangdong	25	7417	6750
广 西 Guangxi	10	837	690
海 南 Hainan	7	802	731
其 他 Others	3	1424	1173

5-13 分地区海洋研究与开发机构R&D人员（2019年）
R&D Personnel in Marine R&D Institutions by Region (2019)

单位：人 (person)

行 业 Industry	R&D人员 R&D Personnel	博士毕业 Doctor	硕士毕业 Master	本科毕业 Under-graduate	其他 Others
合 计 **Total**	**33776**	**11744**	**11521**	**7495**	**3016**
北 京 Beijing	7756	3500	2132	1135	989
天 津 Tianjin	1318	219	624	432	43
河 北 Hebei	1125	216	434	313	162
辽 宁 Liaoning	1842	409	958	393	82
上 海 Shanghai	2344	510	773	727	334
江 苏 Jiangsu	1726	642	608	401	75
浙 江 Zhejiang	1349	361	542	333	113
福 建 Fujian	1010	238	410	295	67
山 东 Shandong	5117	1975	1642	1174	326
广 东 Guangdong	7334	2721	2328	1677	608
广 西 Guangxi	550	83	262	180	25
海 南 Hainan	580	184	199	119	78
其 他 Others	1725	686	609	316	114

5-14 分地区海洋研究与开发机构R&D人员全时当量（2019年）

Full-time Equivalent of R&D Personnel in Marine R&D Institutions by Region (2019)

单位：人年 (man-year)

行业 Industry	R&D人员全时当量 Full-time Equivalent of R&D Personnel	基础研究 Basic Research	应用研究 Applied Research	试验发展 Experimental Development
合 计 Total	**27806**	**11196**	**10100**	**6510**
北 京 Beijing	5897	3262	2081	554
天 津 Tianjin	1050	45	280	725
河 北 Hebei	1017	123	399	495
辽 宁 Liaoning	1468	437	799	232
上 海 Shanghai	1723	295	959	469
江 苏 Jiangsu	1656	676	480	500
浙 江 Zhejiang	992	144	439	409
福 建 Fujian	948	397	332	219
山 东 Shandong	4550	1672	1895	983
广 东 Guangdong	5894	2572	1875	1447
广 西 Guangxi	459	73	223	163
海 南 Hainan	560	313	112	135
其 他 Others	1592	1187	226	179

5-15 分地区按活动类型分海洋研究与开发机构
R&D经费内部支出（2019年）
Intramural Expenditure on R&D of Marine R&D Institutions
by Activities Type by Region (2019)

单位：万元 （10000 yuan）

行 业 Industry	R&D经费内部支出 Intramural Expenditure on R&D	基础研究 Basic Research	应用研究 Applied Research	试验发展 Experimental Development
合 计 **Total**	**2190316**	**847567**	**901342**	**441407**
北 京 Beijing	568421	377435	168142	22845
天 津 Tianjin	76522	3015	12355	61152
河 北 Hebei	62287	1651	26538	34098
辽 宁 Liaoning	157968	6477	124816	26675
上 海 Shanghai	257261	33878	182210	41174
江 苏 Jiangsu	105844	34468	35305	36071
浙 江 Zhejiang	94450	6697	53868	33885
福 建 Fujian	68693	49549	10990	8154
山 东 Shandong	261995	94537	114778	52680
广 东 Guangdong	373104	155772	137101	80231
广 西 Guangxi	21834	2501	6583	12750
海 南 Hainan	52516	18163	16431	17922
其 他 Others	89420	63425	12225	13771

5-16 分地区按支出类型分海洋研究与开发机构
R&D经费内部支出（2019年）
Intramural Expenditure on R&D of Marine R&D Institutions
by Expenditure Category by Region (2019)

单位：万元 (10000 yuan)

行 业 Industry	R&D经费内部支出 Intramural Expenditure on R&D			
	日常性支出 Routine Expenditure	#人员劳务费 Labor Cost	资产性支出 Assets Expenditure	#仪器与设备支出 Equipment
合 计 Total	1697366	693084	492950	326734
北 京 Beijing	395029	189997	173392	100467
天 津 Tianjin	60903	28503	15620	14224
河 北 Hebei	55498	12180	6789	6277
辽 宁 Liaoning	135839	37602	22129	14345
上 海 Shanghai	202360	68984	54901	46644
江 苏 Jiangsu	88062	50610	17782	10307
浙 江 Zhejiang	62708	26214	31743	11989
福 建 Fujian	50620	20475	18073	12498
山 东 Shandong	198607	88141	63388	49737
广 东 Guangdong	317078	113052	56027	43446
广 西 Guangxi	18512	8666	3323	3007
海 南 Hainan	36675	15432	15841	6957
其 他 Others	75477	33230	13943	6836

5-17 分地区按经费来源分海洋研究与开发机构
R&D经费内部支出（2019年）
Intramural Expenditure on R&D of Marine R&D Institutions
by Source of Funds by Region (2019)

单位：万元 （10000 yuan）

行 业 Industry	R&D经费内部支出 Intramural Expenditure on R&D				
	政府资金 Government Funds	企业资金 Self-raised Funds by Enterprises	事业单位资金 Public Institution Funds	国外资金 Foreign Funds	其他资金 Other Funds
合 计 **Total**	**1813026**	**189240**	**172163**	**4154**	**11733**
北 京 Beijing	522129	41890	2215	2188	0
天 津 Tianjin	63719	7071	4692	0	1040
河 北 Hebei	62239	0	0	0	48
辽 宁 Liaoning	97320	60647	0	0	0
上 海 Shanghai	144150	3813	109298	0	0
江 苏 Jiangsu	74176	14026	17032	549	62
浙 江 Zhejiang	84813	4135	5483	0	20
福 建 Fujian	54897	7713	6077	6	0
山 东 Shandong	234458	8917	17704	223	693
广 东 Guangdong	327352	35912	8085	946	810
广 西 Guangxi	19200	183	0	0	2451
海 南 Hainan	44318	382	1206	0	6610
其 他 Others	84255	4550	372	243	0

5-18 分地区海洋研究与开发机构R&D经费外部支出（2019年）
External Expenditure on R&D of Marine R&D Institutions by Region (2019)

单位：万元

行　业 Industry	R&D经费外部支出 External Expenditure on R&D	#对境内研究机构支出 to Domestic Research Institutions	#对境内企业支出 to Domestic Enterprises	对境外机构支出 to Foreign Institutions
合　计 **Total**	**119441**	**42167**	**21405**	**52682**
北　京 Beijing	17118	9015	4578	3455
天　津 Tianjin	9401	2791	2124	2359
河　北 Hebei	60	0	60	0
辽　宁 Liaoning	0	0	0	0
上　海 Shanghai	3870	2271	1448	134
江　苏 Jiangsu	0	0	0	0
浙　江 Zhejiang	7832	4159	2044	1341
福　建 Fujian	842	20	207	615
山　东 Shandong	11387	6375	4524	458
广　东 Guangdong	64120	14994	5197	43739
广　西 Guangxi	0	0	0	0
海　南 Hainan	0	0	0	0
其　他 Others	4810	2542	1224	582

5-19 分地区海洋研究与开发机构R&D课题（2019年）
R&D Projects of Marine R&D Institutions by Region (2019)

地 区 Region	R&D课题数 （项） R&D Projects (item)	投入人员 （人年） Input of Personnel (man-year)	投入经费 （万元） Input of Funds (10000 yuan)
合 计 Total	17333	22161	1118050
北 京 Beijing	3854	4446	258840
天 津 Tianjin	333	840	28333
河 北 Hebei	183	832	27588
辽 宁 Liaoning	380	1063	101432
上 海 Shanghai	723	1494	95149
江 苏 Jiangsu	2391	1324	73952
浙 江 Zhejiang	594	881	43943
福 建 Fujian	732	871	48351
山 东 Shandong	2814	3650	118746
广 东 Guangdong	3298	4543	232350
广 西 Guangxi	220	359	7835
海 南 Hainan	308	448	18110
其 他 Others	1503	1411	63421

5-20 分地区海洋研究与开发机构科技论著（2019年）
Scientific and Technological Papers and Works of Marine R&D Institutions by Region (2019)

地　区 Region	发表科技论文（篇） Scientific Papers Issued (piece)	#国内发表 Published in China	出版科技著作（种） Publication on Science and Technology (kind)
合　计 **Total**	**18915**	**8932**	**437**
北　京 Beijing	3207	1232	106
天　津 Tianjin	434	381	32
河　北 Hebei	674	590	44
辽　宁 Liaoning	630	375	4
上　海 Shanghai	1027	778	22
江　苏 Jiangsu	1680	790	44
浙　江 Zhejiang	752	463	18
福　建 Fujian	422	195	11
山　东 Shandong	3228	1292	48
广　东 Guangdong	4236	1353	41
广　西 Guangxi	1056	962	42
海　南 Hainan	417	196	13
其　他 Others	1152	325	12

5-21 分地区海洋研究与开发机构专利（2019年）
Scientific and Technological Patents of Marine R&D Institutions by Region (2019)

地 区 Region	专利申请受理数（件） Number of Patent Applications Accepted (piece)	#发明专利 Inventions	专利授权数（件） Number of Patents Granted (piece)	#发明专利 Inventions	有效发明专利（件） Patent in Force (piece)	专利所有权转让及许可数（件） Number of Transfer and Licensing of Patent Ownership (piece)	专利所有权转让及许可收入（万元） Revenue from Transfer and Licensing of Patent Ownership (10000 yuan)
合 计 Total	6115	4342	4143	2517	14316	255	55598
北 京 Beijing	858	728	788	628	2652	33	1206
天 津 Tianjin	190	85	177	43	217	2	22
河 北 Hebei	61	32	36	10	77	0	0
辽 宁 Liaoning	427	312	285	183	1112	0	0
上 海 Shanghai	294	199	183	121	341	1	10
江 苏 Jiangsu	309	195	212	97	776	1	5
浙 江 Zhejiang	430	323	276	186	921	9	115
福 建 Fujian	68	58	74	47	283	1	60
山 东 Shandong	1028	838	668	359	2689	24	1480
广 东 Guangdong	2149	1383	1210	719	4470	177	52241
广 西 Guangxi	40	26	34	13	184	3	362
海 南 Hainan	87	52	71	40	261	2	92
其 他 Others	174	111	129	71	333	2	5

5-22 分地区海洋研究与开发机构形成标准和
软件著作权（2019年）
Standards and Software Copyrights of Marine R&D Institutions
by Region (2019)

地 区 Region	形成国家和行业标准数 （项） Number of National and Industrial Standards (item)	软件著作权数 （件） Number of Software Copyrights (piece)
合 计 **Total**	**188**	**1225**
北 京 Beijing	74	351
天 津 Tianjin	4	67
河 北 Hebei	2	22
辽 宁 Liaoning	4	66
上 海 Shanghai	35	49
江 苏 Jiangsu	8	93
浙 江 Zhejiang	5	126
福 建 Fujian	1	10
山 东 Shandong	25	150
广 东 Guangdong	23	226
广 西 Guangxi	1	10
海 南 Hainan	0	9
其 他 Others	6	46

主要统计指标解释

1. 研究与试验发展 (R&D)　指为增加知识存量（也包括有关人类、文化和社会的知识）以及设计已有知识的新应用而进行的创造性、系统性工作，包括基础研究、应用研究和试验发展三种类型。国际上通常采用 R&D 活动的规模和强度指标反映一国的科技实力和核心竞争力。

2. 基础研究　指一种不预设任何特定应用或使用目的的实验性或理论性工作，其主要目的是为获得（已发生）现象和可观察事实的基本原理、规律和新知识。其成果通常表现为提出一般原理、理论或规律，并以论文、著作、研究报告等形式为主。

3. 应用研究　为指为获取新知识，达到某一特定的实际目的或目标而开展的初始性研究。应用研究是为了确定基础研究成果的可能用途，或确定实现特定和预定目标的新方法。其研究成果以论文、著作、研究报告、原理性模型或发明专利等形式为主。

4. 试验发展　指利用从科学研究、实际经验中获取的知识和研究过程中产生的其他知识，开发新的产品、工艺或改进现有产品、工艺而进行的系统性研究。其研究成果以专利、专有技术，以及具有新颖性的产品原型、原始样机及装置等形式为主。

5. 从业人员　指由本机构年末直接组织安排工作并支付工资的各类人员总数。包括固定职工、国家有编制的合同制职工、招聘人员和返聘的离退休人员。不包括离退休人员、停薪留职人员。

6. 从事科技活动人员　指从业人员中的科技管理人员、课题活动人员和科技服务人员。

7. R&D 人员　指报告期 R&D 活动单位中从事基础研究、应用研究和试验发展活动的人员。包括直接参加上述三类 R&D 活动的人员，以及与上述三类 R&D 活动相关的管理人员和直接服务人员，即直接为 R&D 活动提供资料文献、材料供应、设备维护等服务的人员。不包括为 R&D 活动提供间接服务的人员，如餐饮服务、安保人员等。

8. R&D 人员全时当量　指报告期 R&D 人员按实际从事 R&D 活动时间计算的工作量，以"人年"为计量单位。为国际上比较科技人力投入而制定的可比指标。

9. R&D 经费内部支出　指报告期调查单位内部为实施 R&D 活动而实际发生的全部经费，按支出性质分为日常性支出和资产性支出。不包括调查单位委托其他单位或与其他单位合作开展 R&D 活动而转拨给其他单位的全部经费。

10. R&D 经费内部支出中政府资金　指 R&D 经费支出中来自各级政府财政的各类资金，包括财政科学技术支出和财政其他功能支出的资金用于 R&D 活动的实际支出。

11. R&D 经费内部支出中企业资金　指 R&D 经费支出中来自企业的各类资金。对企业而言，企业资金指企业自有资金、接受其他企业委托开展 R&D 活动而获得的资金，以及从金融机构贷款获得的开展 R&D 活动的资金；对科研院所、高校等事业单位而言，企业资金是指因接受从企业委托开展 R&D 活动而获得的各类资金。

12. R&D 课题　R&D 课题是进行 R&D 活动的基本组织形式，通常由 R&D 活动执行单位依据项目立项书或合同书等形式明确项目任务、目标、人员和经费等。

13. R&D 课题投入人员　指实际参加研发项目（课题）活动人员折合的全时当量。

14. R&D 课题投入经费　指调查单位内部在报告年度进行研发项目（课题）研究和试制等的实际

支出。包括劳务费、其他日常支出、固定资产购建费、外协加工费等，不包括委托或与外单位合作进行项目（课题）研究而拨付给对方使用的经费。

15. 科技论文　指报告年度在学术期刊上发表的最初的科学研究成果。应具备以下三个条件：(1)首次发表的研究成果；(2)作者的结论和试验能被同行重复并验证；(3)发表后科技界能引用。统计范围为在全国性学报或学术刊物上、省部属大专院校对外正式发行的学报或学术刊物上发表的论文，以及向国外发表的论文。只统计第一作者编制在本单位或者第一署名单位为本单位的论文。

16. 科技著作　指经过正式出版部门编印出版的科技专著、大专院校教科书、科普著作。只统计本单位科技人员为第一作者的著作。同一书名计为一种著作，与书的发行量无关。

17. 专利　是专利权的简称，是对发明人的发明创造经审查合格后，由专利局依据专利法授予发明人和设计人对该项发明创造享有的专有权。包括发明、实用新型和外观设计。反映拥有自主知识产权的科技和设计成果情况。

18. 发明（专利）　指对产品、方法或者其改进所提出的新的技术方案。是国际通行的反映拥有自主知识产权技术的核心指标。

19. 专利申请受理数　当年本单位向专利管理部门提出申请并被受理的职务专利申请件数。

20. 专利授权数　当年由专利管理部门授予本单位专利权的职务专利件数。

Explanatory Notes on Main Statistical Indicators

1. Research and Experimental Development (R&D)　refers to creative and systematic work undertaken in order to increase the stock of knowledge (including knowledge of humankind, culture and society) and to devise new applications of available knowledge.R&D includes 3 categories of activities: basic research, applied research and experimental　development. The scale and intensity of R&D are widely used internationally to reflect the strength of S&T and the core competitiveness of a country in the world.

2. Basic Research　refers to experimental or theoretical work undertaken primarily to acquire new knowledge of the underlying foundations of phenomena and observable facts, without any particular application or use in view. Basic research usually formulates hypotheses, theories or laws, and its results are mainly released or disseminated in the form of scientific papers or monographs or research reports.

3. Applied Research　refers to original investigation undertaken in order to acquire new knowledge. It is directed primarily towards a specific, practical aim or objective. Purpose of the applied research is to identify the possible uses of results from basic research, or to explore new (fundamental) methods or new approaches. Results of applied research are expressed in the form of scientific papers, monographs, fundamental models or invention patents.

4. Experimental Development　refers to systematic work, drawing on knowledge gained from research and practical experience and producing additional knowledge, which is directed to producing new products or processes or to improving existing products or processes. Results of experimental development activities are embodied in patents, exclusive technology, and monotype of new products or equipment.

5. Employees   refer to the total number of personnel of various kinds employed and paid by the institution at the end of the year, including fixed employees, contract workers of staff belonging to the state authorized staff , recruited personnel, reemployed retired personnel, but not including the retired and the personnel on leave with pay suspension.

6. Personnel Engaged in Scientific and Technological Activities   refer to the personnel for scientific and technological management, personnel engaged in the activities of research topics and scientific and technological service personnel.

7. R&D Personnel   refer to persons of R&D activities units engaged in basic research, applied research, and experimental development at the reference period, including persons of directly participating in the three activities above, as well as managment and direct service staff related to R&D activities, such as literature provision, material supply,equipment maintenance staff, it excludes persons providing indirect support and ancillary services, such as canteen and security staff.

8. Full-time Equivalent of R&D Personnel   refers to the ratio of working hours actually spent on R&D during a specific reference period (usually a calendar year) divided by the total number of hours conventionally worked in the same period by an individual or by a group. The measurement unit of the ratio is "man-years". This is an internationally comparable indicator of S&T manpower input.

9. Intramural Expenditure on R&D   refers to the real expenditure of surveyed units on their own R&D activities in reporting period. It is divided into current expenditures and gross fixed capital expenditures for R&D according to the nature of expenditure.   It doesn't include the fees transferred to cooperated or entrusted agencies on R&D activities.

10. Intramural Expenditure on R&D from Government Funds   refers to the expenditure of funds on R&D activities from government agencies at different levels, including appropriate funds on science and technology from financial departments, and the real expenditure of other fiscal functional funds on R&D activities from government agencies.

11. Intramural Expenditure on R&D from Enterprises Funds   refers to the expenditure of all kinds of funds on R&D activities from enterprises. In terms of enterprises, it refers to the expenditure of self-raised funds of enterprises, funds from other enterprises through entrustment, loans from financial institutions   on R&D activities. In terms of public institutions, such as institution of scientific research and universities, it refers to the expenditure of funds from enterprises through entrustment.

12. Number of R&D Projects   R&D Projects are the basic forms of R&D activities, the project task, target, personnel and expenditure are usually defined by R&D activity execution unit according to project approval specification or contract document.

13. Input of Personnel on R&D Projects   refers to the full-time equivalent of persons actually engaged in R&D projects.

14. Input of Funds on R&D Projects   refers to the real expenditure of internal funds of the surveyed units on research and test of R&D projects at the reference year, including service fee, other daily expenditure, cost for fixed assets, cost of external process, it excludes expenditure of funds transferred to other cooperated or entrusted units of the projects.

15. Scientific Papers   refer to the original scientific research results published in the academic journals in the year reported. They should meet the following three conditions: (1) The research results are published for the first time; (2) The author's conclusions and experiments can be repeated and verified by peers; (3) They can be quoted by the scientific and technological circles after publication. The scope of statistics covers the papers published in the national journals or academic journals, or those officially published by the province- or ministry- managed colleges and universities, as well as paper published abroad. Only the papers whose first authors belong to the authorized staff of the unit or the first signature unit is this unit can be counted.

16. Scientific and Technological Works   refer to the scientific and technological monographs, university and college textbooks and popular science works compiled and published by the official publishing departments. Only works whose first authors are the scientific and technological personnel of the unit are counted. The works with the same title are counted as one work and have nothing to do with the circulation of the book.

17. Patent   is an abbreviation for the patent right and refers to the exclusive right of ownership by the inventors or designers for the creation or inventions, given from the patent offices after due process of assessment and approval in accordance with the Patent Law. Patents are granted for inventions, utility models and designs. This indicator reflects the achievements of S&T and design with independent intellectual property.

18. Patented Inventions   refer to new technical proposals to the products or methods or their modifications. This is universal core indicator reflecting the technologies with independent intellectual property.

19 Number of Patent Applications Accepted   refers to the number of professional patent applications of the unit to the patent administrative department and accepted by it in the year.

20. Number of Patents Granted   refers to the number of the professional patents granted to the unit by the patent administrative department in the year.

6

海 洋 教 育
Marine Education

6-1 全国各海洋专业博士研究生情况（2019年）
Doctoral Students from Marine Specialities (2019)

专 业 Speciality	专业点数 （个） Number of Speciality Agencies	学生数（人） Number of Students (person)			
		毕业生 Graduates	招 生 Entrants	在校生 Enrollment	预计毕业生数 Estimated Graduates of Next Year
合 计 Total	139	824	1333	5649	2439
物理海洋学 Physical Oceanography	6	65	86	317	109
海洋化学 Marine Chemistry	7	27	59	194	50
海洋生物学 Marine Biology	8	99	129	445	155
海洋地质 Marine Geology	9	48	57	242	99
海洋科学学科 Marine Science Subjects	11	87	172	636	263
水生生物学 Hydrobiology	19	86	83	379	180
水文学及水资源 Hydrology and Water Resource	14	107	169	893	437
港口海岸及近海工程 Coastal Harbour and Offshore Engineering	8	45	57	392	209

6-1 续表 continued

专 业 Speciality	专业点数 （个） Number of Speciality Agencies	学生数（人） Number of Students (person)			
		毕业生 Graduates	招 生 Entrants	在校生 Enrollment	预计毕业生数 Estimated Graduates of Next Year
船舶与海洋结构物设计制造 Ships and Marine Structures Design and Manufacture	10	57	94	441	221
轮机工程 Turbine Engineering	8	27	59	327	179
水声工程 Hydroacoustic Engineering	6	18	60	270	107
船舶与海洋工程学科 Ship and Ocean Engineering Subjects	7	45	102	379	138
水产品加工及贮藏工程 Aquatic Products Processing and Storing Engineering	5	7	2	16	10
水产养殖 Aquaculture	7	61	100	351	138
捕捞学 Science of Fishing	2	2	8	33	12
渔业资源 Fishery Resource	5	16	29	131	61
水产学科 Fishery Subjects	7	27	67	203	71

6-2 全国各海洋专业硕士研究生情况（2019年）
Postgraduate Students from Marine Specialities (2019)

专业 Speciality	专业点数 （个） Number of Speciality Agencies	学生数（人） Number of Students (person)			
		毕业生 Graduates	招 生 Entrants	在校生 Enrollment	预计毕业生数 Estimated Graduates of Next Year
合 计 **Total**	**312**	**2982**	**4196**	**11558**	**3625**
物理海洋学 Physical Oceanography	14	108	195	509	154
海洋化学 Marine Chemistry	15	95	131	366	110
海洋生物学 Marine Biology	18	232	259	757	259
海洋地质 Marine Geology	13	97	135	390	125
海洋科学学科 Marine Science Subjects	24	331	754	1773	488
水生生物学 Hydrobiology	39	169	185	610	220
水文学及水资源 Hydrology and Water Resource	39	336	370	1089	338
港口海岸及近海工程 Coastal Harbour and Offshore Engineering	14	190	252	659	171

专业 Speciality	专业点数 （个） Number of Speciality Agencies	学生数（人） Number of Students (person)			
		毕业生 Graduates	招　生 Entrants	在校生 Enrollment	预计毕业生数 Estimated Graduates of Next Year
船舶与海洋结构物设计制造 Ships and Marine Structures Design and Manufacture	19	244	254	742	240
轮机工程 Turbine Engineering	13	220	241	740	251
水声工程 Hydroacoustic Engineering	7	118	122	392	156
船舶与海洋工程学科 Ship and Ocean Engineering Subjects	15	207	270	769	282
水产品加工及贮藏工程 Aquatic Products Processing and Storing Engineering	18	46	20	99	48
水产养殖 Aquaculture	25	404	498	1533	506
捕捞学 Science of Fishing	4	17	32	79	25
渔业资源 Fishery Resource	11	80	126	334	100
水产学科 Fishery Subjects	24	88	352	717	152

6-3 全国普通高等教育各海洋专业本科学生情况（2019年）
Undergraduates from Marine Specialities in the National Ordinary Higher Education (2019)

专 业 Speciality	专业点数 （个） Number of Speciality Agencies	学生数（人） Number of Students (person)			
		毕业生 Graduates	招 生 Entrants	在校生 Enrollment	预计 毕业生数 Estimated Graduates of Next Year
合 计 **Total**	**309**	**16289**	**20278**	**75648**	**18436**
海洋科学 Marine Science	30	1246	1391	5994	1400
海洋技术(注：可授理学或工学学士学位) Marine Technology (Note: It may confer bachelor's degrees in science and engineering)	25	854	736	3506	918
海洋资源与环境 Marine Living Resources and Environment	17	343	578	2352	460
海洋科学类专业 New Specialties Under the Category of Marine Sciences	13	4	1336	1939	77
港口航道与海岸工程 Harbour Channel and Coastal Engineering	35	1985	1463	7461	2056
航海技术 Navigation Technology	17	2128	2627	10057	2667
轮机工程 Turbine Engineering	23	2621	3025	12127	3101
船舶与海洋工程 Ship and Marine Engineering	33	2567	2431	10492	2715
海洋工程与技术 Ocean Engineering and Technology	7	173	231	1024	203
海洋资源开发技术 Marine Resources Exploitation Technology	15	289	404	1569	345
海洋工程类专业 New Specialities of Marine Engineering	6	0	1094	1098	0
水产养殖学 Aquaculture	56	2928	2825	12125	3223
海洋渔业科学与技术 Science and Technology of Marine Fishery	10	602	570	1960	537
水族科学与技术 Science and Technology of Aquatic Animals	11	395	301	1368	386
水产类专业 Fishery-type Specialities	6	0	925	1230	0
海事管理 Maritime Affairs Management	5	154	341	1346	348

6-4 全国普通高等教育各海洋专业专科学生情况（2019年）
Students from Marine Specialities of the Colleges for Professional Training in the National Ordinary Higher Education (2019)

专业 Speciality	专业点数 （个） Number of Speciality Agencies	学生数（人） Number of Students (person)			
		毕业生 Graduates	招　生 Entrants	在校生 Enrollment	预计毕业生数 Estimated Graduates of Next Year
合　计 **Total**	**922**	**49142**	**58269**	**157235**	**48165**
水产养殖技术 Aquaculture Technology	30	987	1254	3394	1137
海洋渔业技术 Marine Fishery Technology	1	2	0	0	0
水族科学与技术 Aquarium Science and Technology	2	42	98	213	48
水生动物医学 Aquatic Animal Medicine	3	16	31	52	17
渔业经济管理 Fishery Economic Management	1	0	0	27	27
钻井技术 Drilling Technology	4	173	347	802	212
油气开采技术 Oil and Gas Exploitation Technology	12	355	320	868	278
油气储运技术 Oil and Gas Storage and Transportation Technology	26	991	913	2689	821
油气地质勘探技术 Oil and Gas Geological Exploration Technology	6	245	270	760	177
油田化学应用技术 Oilfield Chemical Technology	6	243	173	563	165
石油工程技术 Petroleum Engineering Technology	16	795	915	2091	591
石油与天然气类专业 Petroleum and Nutural Gas	2	1	50	50	0

6-4 续表1 continued

专 业 Speciality	专业点数 （个） Number of Speciality Agencies	学生数（人） Number of Students (person)			
		毕业生 Graduates	招 生 Entrants	在校生 Enrollment	预计毕业生数 Estimated Graduates of Next Year
水文与水资源工程 Hydrology and Water Resources Engineering	14	355	527	1288	357
水文测报技术 Hydrological Forecasting Technology	1	8	0	0	0
水政水资源管理 Water Administration and Water Resources Management	5	185	163	540	235
水利工程 Water Conservancy Projects	38	3727	4809	12952	3692
水利水电工程技术 Water Conservancy and Hydropower Engineering Technology	21	1527	2228	5407	1693
水利水电工程管理 Water Conservancy and Hydropower Project Management	22	1409	2549	5711	1469
水利水电建筑工程 Water Conservancy and Hydropower Construction	50	5612	5870	17637	5698
水务管理 Water Affairs Management	8	191	550	1046	211
水电站动力设备 Power Equipment of Hydropower Station	8	255	221	660	179
水电站电气设备 Electrical Equipment of Hydropower Station	1	2	0	0	0
水电站运行与管理 Operation and Management of Hydropower Station	3	174	220	769	206
水利机电设备运行与管理 Operation and Management of Electrical and Mechanical Equipment in Water Conservancy	3	53	128	232	49

专 业 Speciality	专业点数 （个） Number of Speciality Agencies	学生数（人） Number of Students (person)			
		毕业生 Graduates	招 生 Entrants	在校生 Enrollment	预计毕业生数 Estimated Graduates of Next Year
水土保持技术 Soil and Water Conservation Technology	12	380	208	635	193
水环境监测与治理 Water Environmental Monitoring and Protection	6	73	478	690	138
水土保持与水环境类专业 Soil Conservation and Water Environment	1	1	0	0	0
船舶工程技术 Ship Engineering Technology	31	2281	2657	6492	1919
船舶机械工程技术 Ship Mechanical Engineering Technology	12	472	245	872	347
船舶电气工程技术 Ship Electrical Engineering Technology	13	600	757	2082	647
船舶舾装工程技术 Ship Equipment and Installations Engineering Technology	2	85	123	340	89
船舶涂装工程技术 Engineering Technology of Ship Painting	1	30	41	116	40
游艇设计与制造 Yacht Design and Manufacturing	8	196	384	897	197
海洋工程技术 Marine Engineering Technology	6	153	157	439	143
船舶通信与导航 Ship Communication and Navigation	3	108	179	474	148
船舶动力工程技术 Ship Power Engineering Technology	7	439	670	1465	358

专 业 Speciality	专业点数 （个） Number of Speciality Agencies	学生数（人） Number of Students (person)			
		毕业生 Graduates	招　生 Entrants	在校生 Enrollment	预计毕业生数 Estimated Graduates of Next Year
航海技术 Navigation Technology	45	4350	7202	17074	4499
国际邮轮乘务管理 International Cruise Crew Management	117	3699	5664	16183	4815
船舶电子电气技术 Electronic and Electrical Technology of Ships	22	892	1056	2630	732
船舶检验 Ships Inspection	9	202	244	527	165
港口机械与自动控制 Port Machinery and Automatic Control	20	818	792	2496	821
港口电气技术 Port Electrical Technology	3	199	128	399	136
港口与航道工程技术 Port and Waterway Engineering Technology	11	357	355	1045	317
港口与航运管理 Harbour and Shipping Management	42	2703	2473	7419	2545
港口物流管理 Port Logistics Management	14	655	999	2388	700
轮机工程技术 Turbine Engineering Technology	50	2952	4844	11414	2942
水路运输与海事管理 Waterway Transportation and Maritime Management	17	576	871	2258	710
集装箱运输管理 Container Transportation Management	12	454	328	1168	415
水上运输类专业 Water Transportation	2	110	0	75	75
报关与国际货运 Customs Declaration and International Freight Transport	173	9009	5778	19906	7812

6-5 全国成人高等教育各海洋专业本科学生情况（2019年）
Undergraduates from Marine Specialities in the National Adult Higher Education (2019)

专 业 Speciality	专业点数 （个） Number of Speciality Agencies	学生数（人） Number of Students (person)			
		毕业生 Graduates	招 生 Entrants	在校生 Enrollment	预计毕业生数 Estimated Graduates of Next Year
合 计 **Total**	**64**	**1252**	**1493**	**3727**	**1461**
海洋技术 （注：可授理学或工学学士学位） Marine Technology (Note: It may confer bachelor's degrees in science and engineering)	1	0	93	206	112
海洋资源与环境 Marine Living Resources and Environment	1	0	5	14	9
港口航道与海岸工程 Harbour Channel and Coastal Engineering	6	24	28	73	22
航海技术 Navigation Technology	8	171	299	711	230
轮机工程 Turbine Engineering	10	236	218	696	236
船舶与海洋工程 Ship and Marine Engineering	13	641	639	1494	602
水产养殖学 Aquaculture	24	180	209	531	250
水族科学与技术 Science and Technology of Aquatic Animals	1	0	2	2	0

6-6 全国成人高等教育各海洋专业专科学生情况（2019年）
Students from Marine Specialities of the Colleges for Professional Training in the National Adult Higher Education (2019)

专业 Speciality	专业点数 （个） Number of Speciality Agencies	学生数（人） Number of Students (person)			
		毕业生 Graduates	招生 Entrants	在校生 Enrollment	预计毕业生数 Estimated Graduates of Next Year
合 计 **Total**	**289**	**6225**	**4512**	**12351**	**6306**
水产养殖技术 Aquaculture Technology	23	404	399	1243	385
渔业经济管理 Fishery Economic Management	1	0	0	6	6
钻井技术 Drilling Technology	6	11	87	217	124
油气开采技术 Oil and Gas Exploitation Technology	11	88	122	411	289
油气储运技术 Oil and Gas Storage and Transportation Technology	10	161	46	178	122
油气地质勘探技术 Oil and Gas Geologic Exploration Technology	3	11	101	123	22
油田化学应用技术 Oilfield Chemical Applied Technology	1	0	3	3	0
石油工程技术 Petroleum Engineering Technology	14	1002	95	279	183
石油与天然气类专业 Oil and Gas	1	1	0	0	0
水文与水资源工程 Hydrology and Water Resources Engineering	2	2	0	0	0
水政水资源管理 Water Administration and Water Resources Management	2	6	0	1	1

专业 Speciality	专业点数 （个） Number of Speciality Agencies	学生数（人） Number of Students (person)			
		毕业生 Graduates	招 生 Entrants	在校生 Enrollment	预计毕业生数 Estimated Graduates of Next Year
水文水资源类专业 Hydrology and Water Resources	2	14	0	39	39
水利工程 Water Conservancy Projects	21	347	499	1121	476
水利水电工程技术 Water Conservancy and Hydropower Engineering Technology	4	34	0	5	5
水利水电工程管理 Water Conservancy and Hydropower Project Management	30	771	641	1720	800
水利水电建筑工程 Water Conservancy and Hydropower Construction	31	1288	1595	3730	1739
水利工程与管理类专业 Water Conservancy and Management	7	146	142	384	242
水务管理 Water Affairs Management	1	0	0	1	1
水电站动力设备 Power Equipment of Hydropower Station	2	2	8	19	4
水利水电设备类专业 Water Conservancy and Hydroelectric Equipment	2	54	0	0	0
水土保持技术 Soil and Water Conservation Technology	5	29	18	35	17
水环境监测与治理 Water Environmental Monitoring and Protection	1	4	0	5	5
船舶工程技术 Ship Engineering	20	365	195	480	284
船舶电气工程技术 Ship Electrical Engineering Technology	1	0	0	36	36

6-6 续表2 continued

专 业 Speciality	专业点数 （个） Number of Speciality Agencies	学生数（人） Number of Students (person)			
		毕业生 Graduates	招　生 Entrants	在校生 Enrollment	预计毕业生数 Estimated Graduates of Next Year
船舶动力工程技术 Ship Power Engineering Technology	1	0	3	7	4
航海技术 Navigation Technology	21	578	239	1061	665
国际邮轮乘务管理 International Cruise Crew Management	7	88	7	104	97
船舶电子电气技术 Electronic and Electrical Technology of Ships	1	40	0	0	0
船舶检验 Ships Inspection	2	11	0	5	5
港口机械与自动控制 Port Machinery and Automatic Control	2	100	0	1	1
港口与航道工程技术 Port and Waterway Engineering Technology	2	3	2	8	6
港口与航运管理 Harbour and Shipping Management	7	88	16	31	15
港口物流管理 Port Logistics Management	2	1	2	3	1
轮机工程技术 Turbine Engineering Technology	22	454	147	686	476
水路运输与海事管理 Waterway Transportation and Maritime Management	1	48	0	0	0
水上运输类专业 Water Transportation	1	0	0	1	1
报关与国际货运 Customs Declaration and International Freight Transport	19	74	145	408	255

6-7 全国中等职业教育各海洋专业学生情况（2019年）
Students from Marine Specialities in the National Secondary Vocational Education (2019)

专 业 Speciality	专业点数 （个） Number of Speciality Agencies	学生数（人） Number of Students (person)			
		毕业生 Graduates	招 生 Entrants	在校生 Enrollment	预计毕业生数 Estimated Graduates of Next Year
合 计 Total	231	15520	13969	34363	13888
海水生态养殖 Seawater Ecological Cultivation	10	205	230	590	181
航海捕捞 Sea Fishing	4	2962	885	1034	971
农林牧渔类新专业 New Specialities of Agriculture, Forestry, Animal Husbandry and Fishery	22	1874	1979	8499	3593
水文与水资源勘测 Hydrological and Water Resources Survey	1	5	0	0	0
风电场机电设备运行与维护 Operation and Maintenance of Electromechanical Equipment in the Wind Power Station	20	893	625	1980	742
船舶制造与修理 Ships Building and Repair	25	2061	1519	4395	1305
船舶机械装置安装与维修 Installation and Maintenance of Ships' Mechanical Equipment	3	485	656	1717	483

注：此表不包含技工学校相关数据。

Note: Data related to technical schools are not included in the table.

专 业 Speciality	专业点数 （个） Number of Speciality Agencies	学生数（人） Number of Students (person)			
		毕业生 Graduates	招 生 Entrants	在校生 Enrollment	预计毕业生数 Estimated Graduates of Next Year
船舶驾驶 Ship Piloting	52	3714	3731	6884	2918
轮机管理 Engines Management	39	1921	2004	3765	1547
船舶水手与机工 Ship Sailors and Mechanics	25	333	1668	3272	1143
船舶电气技术 Ship Electric Technology	6	190	46	244	128
外轮理货 Foreign Ships Freight Forwarding	5	129	35	137	78
船舶检验 Ships Inspection	1	25	0	19	0
港口机械运行与维护 Operation and Maintenance of Harbour Machinery	16	689	559	1764	791
工程潜水 Engineering Diving	2	34	32	63	8

6-8 分地区各海洋专业博士研究生情况（2019年）
Doctoral Students in Marine Specialities by Regions (2019)

地 区 Region	专业点数 （个） Number of Speciality Agencies	学生数（人） Number of Students (person)			
		毕业生 Graduates	招 生 Entrants	在校生 Enrollment	预计毕业生数 Estimated Graduates of Next Year
合 计 **Total**	**139**	**824**	**1333**	**5649**	**2439**
北 京 Beijing	11	200	238	809	339
天 津 Tianjin	1	3	7	34	11
辽 宁 Liaoning	8	40	71	426	215
上 海 Shanghai	18	75	150	616	263
江 苏 Jiangsu	12	66	118	734	381
浙 江 Zhejiang	5	16	71	206	94
福 建 Fujian	8	42	83	339	128
山 东 Shandong	16	193	210	831	236
广 东 Guangdong	18	39	76	283	119
广 西 Guangxi	1	0	0	6	6
海 南 Hainan	1	0	4	23	5
其 他 Others	40	150	305	1342	642

6-9 分地区各海洋专业硕士研究生情况（2019年）
Postgraduate Students in Marine Specialities by Regions (2019)

地 区 Region	专业点数 （个） Number of Speciality Agencies	学生数（人） Number of Students (person)			
		毕业生 Graduates	招 生 Entrants	在校生 Enrollment	预计毕业生数 Estimated Graduates of Next Year
合 计 **Total**	**312**	**2982**	**4196**	**11558**	**3625**
北 京 Beijing	19	168	261	735	224
天 津 Tianjin	12	81	131	352	97
河 北 Hebei	6	5	15	41	12
辽 宁 Liaoning	27	342	373	1105	349
上 海 Shanghai	22	332	642	1655	477
江 苏 Jiangsu	28	338	439	1205	391
浙 江 Zhejiang	21	242	297	898	315
福 建 Fujian	16	150	223	636	206
山 东 Shandong	37	289	507	1312	364
广 东 Guangdong	24	172	266	710	216
广 西 Guangxi	5	19	34	63	17
海 南 Hainan	3	22	27	79	26
其 他 Others	92	822	981	2767	931

6-10 分地区普通高等教育各海洋专业本科学生情况（2019年）
Undergraduates in the Marine Specialities of Ordinary Higher Education by Regions (2019)

地 区 Region	专业点数 （个） Number of Speciality Agencies	学生数（人） Number of Students (person)			
		毕业生 Graduates	招 生 Entrants	在校生 Enrollment	预计毕业生数 Estimated Graduates of Next Year
合 计 **Total**	**309**	**16289**	**20278**	**75648**	**18436**
北 京 Beijing	3	107	176	563	116
天 津 Tianjin	17	819	753	3234	824
河 北 Hebei	13	463	455	1671	438
辽 宁 Liaoning	26	1813	2384	9522	2422
上 海 Shanghai	19	1176	1273	5009	1320
江 苏 Jiangsu	34	1350	1803	6662	1560
浙 江 Zhejiang	28	1060	1094	4561	1121
福 建 Fujian	19	1452	1561	6027	1501
山 东 Shandong	37	2129	2881	9917	2346
广 东 Guangdong	25	1370	2339	7948	1617
广 西 Guangxi	9	344	610	2213	495
海 南 Hainan	10	282	676	2141	410
其 他 Others	69	3924	4273	16180	4266

6-11 分地区普通高等教育各海洋专业专科学生情况（2019年）
Students from Marine Specialities of the Colleges for Professional Training in the Ordinary Higher Education by Regions (2019)

地 区 Region	专业点数 （个） Number of Speciality Agencies	学生数（人） Number of Students (person)			
		毕业生 Graduates	招 生 Entrants	在校生 Enrollment	预计毕业生数 Estimated Graduates of Next Year
合 计 **Total**	**922**	**49142**	**58269**	**157235**	**48165**
北 京 Beijing	2	134	107	306	136
天 津 Tianjin	29	2637	2749	7972	2551
河 北 Hebei	44	1424	1591	4333	1374
辽 宁 Liaoning	62	4120	4297	11094	3439
上 海 Shanghai	20	1093	657	2437	960
江 苏 Jiangsu	65	3826	3720	10769	3750
浙 江 Zhejiang	35	2942	2377	8287	2978
福 建 Fujian	48	2243	5044	10486	2582
山 东 Shandong	111	7242	6953	20835	6743
广 东 Guangdong	39	2272	2634	7378	2546
广 西 Guangxi	45	1512	1837	5220	1604
海 南 Hainan	13	416	716	1721	501
其 他 Others	409	19281	25587	66397	19001

6-12 分地区成人高等教育各海洋专业本科学生情况（2019年）
Students from Marine Specialities in the Adult Higher Education by Regions (2019)

地 区 Region	专业点数 （个） Number of Speciality Agencies	学生数（人） Number of Students (person)			
		毕业生 Graduates	招 生 Entrants	在校生 Enrollment	预计毕业生数 Estimated Graduates of Next Year
合 计 **Total**	**64**	**1252**	**1493**	**3727**	**1461**
天 津 Tianjin	1	4	1	6	5
河 北 Hebei	1	0	93	206	112
辽 宁 Liaoning	8	191	263	601	266
上 海 Shanghai	3	103	134	512	156
江 苏 Jiangsu	7	500	467	1325	495
浙 江 Zhejiang	1	5	8	13	5
山 东 Shandong	12	118	225	413	174
广 东 Guangdong	7	128	93	191	27
广 西 Guangxi	4	5	25	30	5
其 他 Others	20	198	184	430	216

6-13 分地区成人高等教育各海洋专业专科学生情况（2019年）
Students from Marine Specialities of the Colleges for Professional Training in the Adult Higher Education by Regions (2019)

地 区 Region	专业点数 （个） Number of Speciality Agencies	学生数（人） Number of Students (person)			
		毕业生 Graduates	招 生 Entrants	在校生 Enrollment	预计毕业生数 Estimated Graduates of Next Year
合 计 **Total**	**289**	**6225**	**4512**	**12351**	**6306**
北 京 Beijing	2	28	0	43	43
天 津 Tianjin	2	16	7	8	1
河 北 Hebei	9	299	155	556	391
辽 宁 Liaoning	29	498	252	707	455
上 海 Shanghai	9	475	125	515	262
江 苏 Jiangsu	29	682	543	1439	721
浙 江 Zhejiang	13	76	59	369	310
福 建 Fujian	2	255	281	931	280
山 东 Shandong	21	340	628	1010	382
广 东 Guangdong	11	258	63	135	59
广 西 Guangxi	8	8	45	137	92
海 南 Hainan	1	0	0	3	3
其 他 Others	153	3290	2354	6498	3307

6-14 分地区中等职业教育各海洋专业学生情况（2019年）
Students from Marine Specialities in the Secondary Vocational Education by Regions (2019)

地 区 Region	专业点数 （个） Number of Speciality Agencies	学生数（人） Number of Students (person)			
		毕业生 Graduates	招 生 Entrants	在校生 Enrollment	预计毕业生数 Estimated Graduates of Next Year
合 计 **Total**	**231**	**15520**	**13969**	**34363**	**13888**
天 津 Tianjin	4	111	0	765	580
河 北 Hebei	13	658	550	1859	986
辽 宁 Liaoning	18	465	644	1270	405
上 海 Shanghai	13	1065	1430	3786	1030
江 苏 Jiangsu	20	692	680	2366	926
浙 江 Zhejiang	12	378	561	1254	306
福 建 Fujian	21	6262	3654	4123	3401
山 东 Shandong	30	1277	1647	3765	1149
广 东 Guangdong	12	395	513	1225	193
广 西 Guangxi	9	550	968	2734	978
海 南 Hainan	2	64	19	107	45
其 他 Others	77	3603	3303	11109	3889

6-15 分地区开设海洋专业高等学校教职工数（2019年）
Number of Teaching and Administrative Staff in the Universities and Colleges Offering Marine Specialities by Regions (2019)

地 区 Region	学校（机构）数（个） Number of Colleges (Institutions) (unit)	教职工数（人） Number of Teaching and Administrative Staff (person)	专任教师数（人） Number of Full-Time Teachers (person)
合 计 **Total**	**581**	**780263**	**514799**
北 京 Beijing	10	27599	18576
天 津 Tianjin	14	17223	11924
河 北 Hebei	30	32629	22548
辽 宁 Liaoning	23	23043	15463
上 海 Shanghai	19	32298	18146
江 苏 Jiangsu	45	73387	50180
浙 江 Zhejiang	24	34209	21395
福 建 Fujian	24	31822	19363
山 东 Shandong	52	72890	50076
广 东 Guangdong	35	62743	37438
广 西 Guangxi	21	23213	14701
海 南 Hainan	9	7959	5319
其 他 Others	275	341248	229670

主要统计指标解释

海洋专业 指高等教育和中等职业教育所设的与海洋有关的专业。

Explanatory Note on Main Statistical Indicators

Marine Speciality refers to the marine-related speciality in the higher education and the secondary vocational education.

7

海洋生态环境与防灾减灾
Marine Ecological Environment and Disaster Mitigation

7-1 管辖海域未达到第一类海水水质标准的海域面积（2019年）
Sea Area Under National Jurisdiction with Water Quality Not Up to the Standard of Grade I (2019)

海 区 Sea Area	合 计 （平方千米） Total (km²)	第二类水质海域面积 （平方千米） Area of the Second Grade Sea Waters (km²)	第三类水质海域面积 （平方千米） Area of the Third Grade Sea Waters (km²)
海区合计 **Total Sea Area**	**89670**	**34330**	**18440**
渤 海 Bohai Sea	12740	8770	2210
黄 海 Yellow Sea	11550	4890	5410
东 海 East China Sea	52610	15820	8270
南 海 South China Sea	12770	4850	2550

注：数据为夏季监测数据。
Note: The data are the monitoring data in summer.

海 区 Sea Area	第四类水质海域面积 （平方千米） Area of the Fourth Grade Sea Waters (km^2)	劣于第四类水质 海域面积 （平方千米） Sea Area of the Sea Waters Inferior to the Fourth Grade (km^2)	主要超标要素 Dominant Indicators Exceeding the Standard
海区合计 **Total Sea Area**	**8560**	**28340**	无机氮、活性磷酸盐 **Inorganic Nitrogen, Active Phosphate**
渤 海 Bohai Sea	750	1010	无机氮、活性磷酸盐 Inorganic Nitrogen, Active Phosphate
黄 海 Yellow Sea	490	760	无机氮、活性磷酸盐 Inorganic Nitrogen, Active Phosphate
东 海 East China Sea	6280	22240	无机氮、活性磷酸盐 Inorganic Nitrogen, Active Phosphate
南 海 South China Sea	1040	4330	无机氮、活性磷酸盐 Inorganic Nitrogen, Active Phosphate

7-2 海区废弃物海洋倾倒情况（2019年）
Ocean Dumping of Wastes by Sea Area (2019)

单位：立方米   (m^3)

海 区 Sea Area	疏浚物 Dredged Materials
合 计 **Total**	**191173275**
渤黄海 Bohai Sea and Yellow Sea	53610168
东 海 East China Sea	76235600
南 海 South China Sea	61327507

7-3 全国海洋自然保护区建设情况（2019年）
Construction of Marine Nature Reserves (2019)

地 区 Region	保护区面积 （平方千米） Area of Nature Reserves (km^2)	保护区数量 （个） Number of Nature Reserves	按保护级别分（个） By Level of Protection	
			国家级 National	地方级 Provincial
合 计 **Total**	**69642**	**66**	**14**	**52**
天 津 Tianjin	359	1	1	0
河 北 Hebei	379	2	1	1
辽 宁 Liaoning	867	4	1	3
上 海 Shanghai	10	1	0	1
江 苏 Jiangsu	34	1	0	1
浙 江 Zhejiang	686	2	2	0
福 建 Fujian	315	6	1	5
山 东 Shandong	1427	9	1	8
广 东 Guangdong	1464	27	3	24
广 西 Guangxi	160	3	2	1
海 南 Hainan	63941	10	2	8

7-4 全国海洋特别保护区建设情况（2019年）
Construction of Marine Special Reserves (2019)

地 区 Region	保护区面积 （平方千米） Area of Nature Reserves (km²)	保护区数量 （个） Number of Nature Reserves	按保护级别分（个） By Level of Protection	
			国家级 National	地方级 Provincial
合 计 **Total**	**9348**	**79**	**67**	**12**
天 津 Tianjin	34	1	1	0
河 北 Hebei	101	1	1	0
辽 宁 Liaoning	1421	10	10	0
上 海 Shanghai	0	0	0	0
江 苏 Jiangsu	580	3	3	0
浙 江 Zhejiang	3442	14	7	7
福 建 Fujian	237	7	7	0
山 东 Shandong	3177	31	28	3
广 东 Guangdong	202	7	6	1
广 西 Guangxi	60	2	2	0
海 南 Hainan	94	3	2	1

7-5 全国重点海洋生态监测区域基本情况（2019年）
Basic Condition of the Key Marine Ecological Monitored Areas Throughout the Country (2019)

重点监测区域 Key Monitored Area	所在地 Location	面积 （平方千米） Area (km^2)	主要生态系统类型 Major Types of Ecosystem	多样性指数 Diversity Indices		
				浮游植物 Phyto-plankton	大型浮游动物 Macrozoo-plankton	大型底栖生物 Macrobenthos
鸭绿江口 Yalu River Estuary	辽宁省 liaoning Province	1900	河口 Estuary	3.05	2.93	1.11
双台子河口 Shuangtaizi Estuary	辽宁省 liaoning Province	3000	河口 Estuary	2.15	2.47	0.95
滦河口—北戴河 Luanhe Estuary-Beidaihe	河北省 Hebei Province	900	河口 Estuary	3.55	2.44	2.62
黄河口 Yellow River Estuary	山东省 Shandong Province	2600	河口 Estuary	2.32	2.07	3.14
长江口 Yangtze River Estuary	上海市 Shanghai Municipality	13668	河口 Estuary	1.47	2.57	1.86
闽江口 Minjiang Estuary	福建省 Fujian Province	1400	河口 Estuary	2.30	2.48	2.37
珠江口 Pearl River Estuary	广东省 Guangdong Province	3980	河口 Estuary	3.70	3.75	1.61

注：数据为夏季监测数据；
　　生物多样性指数是生物种数和种类间个体数量分配均匀性的综合表现，用Shannon-Wiener
　　多样性指数表征。

Note: The data are the monitoring data in summer.
　　　Biodiversity index refers to the comprehensive expression of the distributive homogeneity
　　　of the number of biological species and the number of individuals between varieties characterized
　　　by the Shannon-Wiener biodiversity index.

重点监测 区域 Key Monitored Area	所在地 Location	面积 （平方千米） Area (km²)	主要生态 系统类型 Major Types of Ecosystem	多样性指数 Diversity Indices		
				浮游植物 Phyto- plankton	大型浮游 动物 Macrozoo- plankton	大型底栖生物 Macrobenthos
渤海湾 Bohai Bay	天津市 Tianjin Municipality	3000	海湾 Bay	2.98	2.11	2.01
胶州湾 Jiaozhou Bay	山东省 Shandong Province	900	海湾 Bay	1.21	3.27	3.40
杭州湾 Hangzhou Bay	上海市、浙江省 Shanghai Municipality, Zhejiang Province	5000	海湾 Bay	1.42	1.71	0.20
闽东沿岸 Coastal East Fujian	福建省 Fujian Province	5063	海湾 Bay	2.55	2.89	2.48
大亚湾 Daya Bay	广东省 Guangdong Province	1200	海湾 Bay	3.12	2.94	2.51
北部湾 Beibu Gulf	广西壮族自治区 Guangxi Zhuang Autonomous Region	9000	海湾 Bay	2.46	2.51	2.78
苏北浅滩 Northern Jiangsu Wetland	江苏省 Jiangsu Province	15400	滩涂湿地 Tidal Flat Wetland	3.20	2.68	0.81

7-6 沿海地区风暴潮灾害情况（2019年）
Survey of Storm Surge Disasters by Coastal Regions (2019)

受灾地区 Disaster Area	发生次数 (Frequency of occurrence)	死亡（含失踪）人数 （人） Death Toll (Including missing people) (person)	直接经济损失 （亿元） Direct Economic Loss (100 million yuan)
合 计 **Total**	**5**	**0**	**116.38**
天 津 Tianjin	1	0	0.01
河 北 Hebei	1	0	3.34
辽 宁 Liaoning	1	0	1.26
上 海 Shanghai	1	0	0.03
江 苏 Jiangsu	1	0	0.37
浙 江 Zhejiang	2	0	87.26
福 建 Fujian	2	0	0.11
山 东 Shandong	1	0	21.63
广 西 Guangxi	2	0	2.33
海 南 Hainan	1	0	0.04

注：合计发生次数和各省发生次数的加和不一致，是因为存在一次灾害过程影响多个省份的情况。

Note: The inconsistency between the summations of total and provincial occurrences is due to the fact that a single disaster process affects mutiple provinces.

7-7 沿海地区赤潮灾害情况（2019年）
Survey of Red Tide Disasters by Coastal Regions (2019)

时　间 Date	影响区域 Affected Area	最大面积 （平方千米） Max Area (km^2)
合　计 **Total**		**1 610**
4月25日至5月12日 Apr.25–May 12	浙江　宁波石浦至渔山之间近岸海域 Nearshore Between Yushan Islands and Shipu, Ningbo, Zhejiang Province	160
5月9日至6月11日 May 9–Jun.11	浙江　温州南麂列岛至北麂列岛至洞头列岛以东海域 Sea area between Nanji Islands, Beiji Islands and Dongtou Islands, Wenzhou, Zhejiang Province	800
5月15日至5月28日 May 15–May 28	浙江　宁波渔山海域 Sea area of Yushan Islands, Ningbo, Zhejiang Province	200
6月29日至7月2日 Jun.29–Jul.2	浙江　嵊泗泗礁西侧海域 West of Sijiao Islands, Shengsi, Zhejiang Province	250
6月29日至7月2日 Jun.29–Jul.2	浙江　嵊泗马鞍列岛海洋特别保护区海域 Sea area of Ma'an Islands special marine reserve,Shengsi, Zhejiang Province	100
7月30日至8月2日 Jul.30–Aug.2	浙江　舟山普陀山以东海域 East of Putuo Mountain, Zhoushan, Zhejiang Province	100

注：本表仅列出最大面积超过100平方千米（含）的赤潮过程。

Note: This table only lists the red tide processes with the maximum area each exceeding (including) 100 km^2.

8

海洋行政管理及公益服务
Marine Administration and
Public-Good Service

8-1 分地区海域使用权出让情况（2019年）
Granting of Sea Area Use Right by Regions (2019)

地　区 Region	新增宗海数量 （宗） Number of Newly-Added Seas (plot)	新增宗海面积 （公顷） Area of Newly-Added Seas (hm²)	海域使用金征收金额 （万元） Charge for Sea Area Use (10000 yuan)
全国总计 **National Total**	**1543**	**126928.10**	**299994.21**
天　津 Tianjin	7	137.08	2129.40
河　北 Hebei	100	10360.86	5911.29
辽　宁 Liaoning	201	26487.77	25608.60
上　海 Shanghai	2	4.33	3593.66
江　苏 Jiangsu	69	12657.99	24237.72
浙　江 Zhejiang	225	9510.00	50855.49
福　建 Fujian	201	5942.45	34895.91
山　东 Shandong	440	50830.49	18562.80
广　东 Guangdong	197	4930.85	103868.00
广　西 Guangxi	76	5355.14	13266.19
海　南 Hainan	19	276.77	9231.58
其　他 Others	6	434.37	7833.57

注：其他为沿海省（自治区、直辖市）管理海域以外（指渤海中部海域）。

Note: Others are the sea areas outside the control of coastal provinces, autonomous regions and municipalities directly under the Central Government (Referring to the Central Bohai Sea area).

8-2 沿海地区海滨观测台站分布概况（2019年）
Distribution of Coastal Observation Stations
by Coastal Regions (2019)

地 区 Region	合 计 Total	海洋站 （个） Marine Station (Unit)	验潮站[①] （处） Tide Station (Unit)	气象台站 （个） Meteorological Station (Unit)	地震台站 （个） Seismic Station (Unit)
合 计 Total	1471	156	269	888	158
天 津 Tianjin	34	3	2	20	9
河 北 Hebei	74	7		25	42
辽 宁 Liaoning	117	13	3	83	18
上 海 Shanghai	80	9	61	8	2
江 苏 Jiangsu	120	13	57	35	15
浙 江 Zhejiang	238	25	36	171	6
福 建 Fujian	209	17	11	167	14
山 东 Shandong	111	26	3	56	26
广 东 Guangdong	378	21	89	256	12
广 西 Guangxi	39	7	4	19	9
海 南 Hainan	71	15	3	48	5

注：①潮流量观测站80处，潮水位观测站189处。

Note: ①There are 80 tidal current observation stations and 189 tidal level observation stations.

8-3 国家级海洋预报服务概况（2019年）
National Level Marine Forecast Service (2019)

单位：次 (time)

预报项目 Item	数值预报 Numerical Forecast			
	预报服务次数 Frequency	发布次数 Frequency of Release		
		广播电视 Radio and TV	互联网 Internet	纸 质 Paper Media
合 计 **Total**	**7203**	**365**	**7170**	**28**
海 浪 Sea Wave	730	365	730	
海 温 Sea Surface Temperature	1825		1825	
潮 汐 Tide	730		730	
海 流 Sea Current	1825		1825	
海平面 Sea Level				
盐 度 Salinity	1825		1825	
赤 潮 Red Tide				
滨海旅游 Coastal Tourism				
海 冰 Sea Ice	247		234	13
绿 潮 Green Tide	1		1	
溢 油 Oil Spill				
厄尔尼诺 El Niño	15			15
专 项 Special Item				
其 他 Others	5			

预报项目 Item	统计预报 Statistical Forecast			
	预报服务次数 Frequency	发布次数 Frequency of Release		
		广播电视 Radio and TV	互联网 Internet	纸 质 Paper Media
合 计 **Total**	**70303**	**4819**	**35502**	**37225**
海 浪 Sea Wave	874	730	874	8660
海 温 Sea Surface Temperature	4283	2977	1251	52
潮 汐 Tide	15456		12	13456
海 流 Sea Current	15756		12	13756
海平面 Sea Level	502		2	500
盐 度 Salinity				
赤 潮 Red Tide	17		17	
滨海旅游 Coastal Tourism	2197	1102	2197	730
海 冰 Sea Ice	178	10	112	56
绿 潮 Green Tide				
溢 油 Oil Spill				
厄尔尼诺 EL Niño	15			15
专 项 Special Item	31025		31025	
其 他 Others				

8-4 海洋观测情况（2019年）
Statistics on Ocean Observation (2019)

观测项目 Observation Item	志愿船 Volunteer Ship	断面 Section	台站 Station	浮标 Buoy	雷达 Radar	GNSS Global Navigation Satellite System
站点数（个） Stations (unit)	72[①]	42[②]	148	47	15	46
观测数据（MB） Data (MB)	1751.0	294.6	14182.4	824.6	4034.6	5263.4

注：①计量单位为艘；②计量单位为条。
Notes: ①The unit of measurement is ship.
②The unit of measurement is piece.

8-5 海洋调查情况（2019年）
Marine Survey Statistics (2019)

调查类别 Name	站点数（个） Number of Stations (unit)	船舶数（艘） Number of Ships (unit)	项目数（个） Number of Items (unit)	实际获得数据 Quantity of Data Actually Obtained	
				（个）(Unit)	(MB)
合 计 **Total**	**5973**	52	225	**104187**	**67904259**
大洋调查 Oceanic Survey	416	3	63	4352	2985984
极地调查 Polar Survey	56	3	102	826	47341568
其他调查 Other Surveys	5501	46	60	99009	17576707

注：数据来源于自然资源部北海局、东海局、南海局、中国地质调查局、中国大洋矿产资源研究开发协会办公室、中国极地研究中心、第一海洋研究所、第三海洋研究所。
Note: The data come from the North Sea, East China Sea and South China Sea Bureaus, China Geological Survey, Office of the China Ocean Mineral Resources R&D Association, China Polar Research Centre, First Institute of Oceanography and Third Institute of Oceanography of the Ministry of Natural Resources.

8-6 海洋标准化管理情况（2019年）
Management of Marine Standardization (2019)

指 标 Item	指 标 值 Data
标准立项 Standards Proposal Approval	
国家标准 　　National Standards	5
行业标准 　　Professional Standards	42
标准审查 Standards Examination	
国家标准 　　National Standards	21
行业标准 　　Professional Standards	39
标准发布 Standards Issuing	
国家标准 　　National Standards	4
行业标准 　　Professional Standards	8
标准出版 Standards Publication	
国家标准 　　National Standards	4
行业标准 　　Professional Standards	8
标准实施监督检查（次） Supervision and Examination of Standards Implementation (time)	1

主要统计指标解释

1. 断面观测　每年定期利用船舶在沿海设定的断面上进行海洋水文、气象、生物、化学等项目的监测活动。

2. 浮标观测　在海上固定站位获取长期、连续海洋环境观测资料的海上锚定资料浮标。

3. 大洋调查　以大洋科考、研究为目的的远洋调查。

4. 极地调查　以极地科考、研究为目的的调查。

5. 国家标准　针对海洋领域内需要在全国范围内统一的有关技术要求所制定的国家标准。海洋国家标准由国家标准化主管部门统一批准、编号和发布。

6. 行业标准　对没有海洋国家标准而又需要在海洋领域内统一的技术要求所制定的标准。海洋行业标准由自然资源部统一批准、编号和发布。

Explanatory Notes on Main Statistical Indicators

1. Sectional Monitoring refers to the monitoring activities concerning such items as marine hydrology, meteorology, biology and chemistry carried out regularly every year on the sections set in the coastal area.

2. Buoy Monitoring　refers to the monitoring carried out by the offshore mooring data buoys which acquire long-term, continuous marine environmental observations at the fixed stations at sea.

3. Oceanic Survey　refers to the oceanic surveys aimed at the oceanic scientific investigations and research.

4. Polar Survey　refers to the polar surveys aimed at the polar scientific investigations and research.

5. National Standards　refer to the standards formulated in view of the relevant technical requirements in the marine field that need to be unified throughout the country. The marine national standards are approved, numbered and issued uniformly by the state department responsible for standardization.

6. Professional Standards　refer to the standards formulated for the technical requirements which have no national standards but need to be unified in the marine field. The marine professional standards are approved, numbered and issued by the Ministry of Natural Resources.

9

全国及沿海社会经济
National and Coastal Socioeconomy

9-1 国内生产总值
Gross Domestic Product

单位：亿元 (100 million yuan)

年　份 Year	国内生产总值 Gross Domestic Product	第一产业 Primary Industry	第二产业 Secondary Industry	第三产业 Tertiary Industry
2001	110863.1	15502.5	49659.4	45701.2
2002	121717.4	16190.2	54104.1	51423.1
2003	137422.0	16970.2	62695.8	57756.0
2004	161840.2	20904.3	74285.0	66650.9
2005	187318.9	21806.7	88082.2	77430.0
2006	219438.5	23317.0	104359.2	91762.2
2007	270092.3	27674.1	126630.5	115787.7
2008	319244.6	32464.1	149952.9	136827.5
2009	348517.7	33583.8	160168.8	154765.1
2010	412119.3	38430.8	191626.5	182061.9
2011	487940.2	44781.5	227035.1	216123.6
2012	538580.0	49084.6	244639.1	244856.2
2013	592963.2	53028.1	261951.6	277983.5
2014	643563.1	55626.3	277282.8	310654.0
2015	688858.2	57774.6	281338.9	349744.7
2016	746395.1	60139.2	295427.8	390828.1
2017	832035.9	62099.5	331580.5	438355.9
2018	919281.1	64745.2	364835.2	489700.8
2019	990865.1	70466.7	386165.3	534233.1

注：数据来源于《中国统计年鉴2020》（除特别说明外，本部分表同）。

Note: The data come from the *China Statistical Yearbook 2020* . Unless otherwise specified, the same
applies to the other tables in Part 9.

9-2 国内生产总值增长速度
Growth Rate of Gross Domestic Product

单位：%   (%)

年 份 Year	国内生产总值 Gross Domestic Product	第一产业 Primary Industry	第二产业 Secondary Industry	第三产业 Tertiary Industry
2001	8.3	2.6	8.5	10.3
2002	9.1	2.7	9.9	10.5
2003	10.0	2.4	12.7	9.5
2004	10.1	6.1	11.1	10.1
2005	11.4	5.1	12.1	12.4
2006	12.7	4.8	13.5	14.1
2007	14.2	3.5	15.1	16.1
2008	9.7	5.2	9.8	10.5
2009	9.4	4.0	10.3	9.6
2010	10.6	4.3	12.7	9.7
2011	9.6	4.2	10.7	9.5
2012	7.9	4.5	8.4	8.0
2013	7.8	3.8	8.0	8.3
2014	7.4	4.1	7.2	8.3
2015	7.0	3.9	5.9	8.8
2016	6.8	3.3	6.0	8.1
2017	6.9	4.0	5.9	8.3
2018	6.7	3.5	5.8	8.0
2019	6.1	3.1	5.7	6.9

注：本表按不变价格计算（上年为基期）。

Note: This table is calculated at constant price (with the previous year as the base period).

9-3 沿海地区生产总值（2019年）
Gross Regional Product of Coastal Regions (2019)

单位：亿元   (100 million yuan)

地 区 Region	地区生产总值 Gross Regional Product	第一产业 Primary Industry	第二产业 Secondary Industry	第三产业 Tertiary Industry
合 计 **Total**	**521936.5**	**28911.0**	**209849.5**	**283176.0**
天 津 Tianjin	14104.3	185.2	4969.2	8949.9
河 北 Hebei	35104.5	3518.4	13597.3	17988.8
辽 宁 Liaoning	24909.5	2177.8	9531.2	13200.4
上 海 Shanghai	38155.3	103.9	10299.2	27752.3
江 苏 Jiangsu	99631.5	4296.3	44270.5	51064.7
浙 江 Zhejiang	62351.7	2097.4	26566.6	33687.8
福 建 Fujian	42395.0	2596.2	20581.7	19217.0
山 东 Shandong	71067.5	5116.4	28310.9	37640.2
广 东 Guangdong	107671.1	4351.3	43546.4	59773.4
广 西 Guangxi	21237.1	3387.7	7077.4	10772.0
海 南 Hainan	5308.9	1080.4	1099.0	3129.5

9-4 沿海地区生产总值增长速度
Growth Rate of Gross Regional Product of Coastal Regions

单位：%   (%)

地 区 Region	2010	2011	2012	2013	2014	2015	2016	2017	2018	2019
天 津 Tianjin	17.4	16.4	13.8	12.5	10.0	9.3	9.1	3.6	3.6	4.8
河 北 Hebei	12.2	11.3	9.6	8.2	6.5	6.8	6.8	6.6	6.6	6.8
辽 宁 Liaoning	14.2	12.2	9.5	8.7	5.8	3.0	-2.5	4.2	5.7	5.5
上 海 Shanghai	10.3	8.2	7.5	7.7	7.0	6.9	6.9	6.9	6.6	6.0
江 苏 Jiangsu	12.7	11.0	10.1	9.6	8.7	8.5	7.8	7.2	6.7	6.1
浙 江 Zhejiang	11.9	9.0	8.0	8.2	7.6	8.0	7.6	7.8	7.1	6.8
福 建 Fujian	13.9	12.3	11.4	11.0	9.9	9.0	8.4	8.1	8.3	7.6
山 东 Shandong	12.3	10.9	9.8	9.6	8.7	8.0	7.6	7.4	6.4	5.5
广 东 Guangdong	12.4	10.0	8.2	8.5	7.8	8.0	7.5	7.5	6.8	6.2
广 西 Guangxi	14.2	12.3	11.3	10.2	8.5	8.1	7.3	7.1	6.8	6.0
海 南 Hainan	16.0	12.0	9.1	9.9	8.5	7.8	7.5	7.0	5.8	5.8

注：本表按不变价格计算（上年为基期）。

Note: This table is calculated at constant price (with the previous year as the base period).

9-5 沿海城市生产总值（2018年）
Gross Regional Product of Coastal Cities (2018)

单位：亿元   (100 million yuan)

沿海城市 Coastal City	地区生产总值 Gross Regional Product	第一产业 Primary Industry	第二产业 Secondary Industry	第三产业 Tertiary Industry
合 计 **Total**	**288306.3**			
天 津 **Tianjin**	**18809.6**	**172.7**	**7609.8**	**11027.1**
河 北 **Hebei**	**11074.3**			
唐 山 Tangshan	6300.0			
秦皇岛 Qinhuangdao	1507.3			
沧 州 Cangzhou	3266.9			
辽 宁 **Liaoning**	**13053.7**	**1082.2**	**5465.5**	**6506.0**
大 连 Dalian	7668.5	442.7	3241.6	3984.2
丹 东 Dandong	816.7	136.4	249.6	430.8
锦 州 Jinzhou	1192.4	180.2	416.8	595.4
营 口 Yingkou	1346.7	102.6	597.7	646.5
盘 锦 Panjin	1216.6	96.8	616.2	503.6
葫芦岛 Huludao	812.8	123.6	343.6	345.6
上 海 **Shanghai**	**32679.9**	**104.4**	**9732.5**	**22843.0**
江 苏 **Jiangsu**	**16685.8**	**1296.7**	**3643.8**	**7797.3**
南 通 Nantong	8427.0	397.8	3947.9	4081.4
连云港 Lianyungang	2771.7	325.6	1207.4	1238.7
盐 城 Yancheng	5487.1	573.4	2436.5	2477.2
浙 江 **Zhejiang**	**40734.9**	**1471.3**	**20306.3**	**20732.9**
杭 州 Hangzhou	13509.2	305.5	4571.9	8631.7
宁 波 Ningbo	10745.5	306.0	5507.5	4932.0
温 州 Wenzhou	6006.2	141.8	2379.5	3484.9
嘉 兴 Jiaxing	4872.0	115.0	2624.5	2132.5
绍 兴 Shaoxing	5416.9	196.1	2611.8	2609.0
舟 山 Zhoushan	1316.7	142.6	428.4	745.7
台 州 Taizhou	4874.7	264.3	2182.6	2427.8
福 建 **Fujian**	**29249.0**	**1570.7**	**14106.2**	**13572.2**
福 州 Fuzhou	7856.8	494.7	3204.9	4157.3
厦 门 Xiamen	4791.4	24.4	1980.2	2786.9
莆 田 Putian	2242.4	116.3	1179.9	946.2
泉 州 Quanzhou	8468.0	201.8	4885.0	3381.2
漳 州 Zhangzhou	3947.6	438.6	1887.2	1621.8
宁 德 Ningde	1942.8	295.0	969.0	678.9

注：数据来源于各省（自治区、直辖市）统计年鉴；各沿海地区数据为沿海城市合计数。

Note: The data come from the statistical yearbooks of provinces, autonomous regions and municipalities directly under the Central Government. The data for coastal regions are the total of coastal cities.

沿海城市 Coastal City		地区生产总值 Gross Regional Product	第一产业 Primary Industry	第二产业 Secondary Industry	第三产业 Tertiary Industry
山 东	**Shandong**	**38627.5**	**2236.6**	**17870.9**	**18520.1**
青 岛	Qingdao	12001.5	386.9	4850.6	6764.0
东 营	Dongying	4152.5	146.5	2583.2	1422.7
烟 台	Yantai	7832.6	510.0	3844.0	3478.5
潍 坊	Weifang	6156.8	511.6	2742.4	2902.8
威 海	Weihai	3641.5	281.2	1601.2	1759.1
日 照	Rizhao	2202.2	166.5	1064.2	971.5
滨 州	Binzhou	2640.5	233.8	1185.2	1221.5
广 东	**Guangdong**	**82083.5**	**2497.4**	**32937.3**	**46648.9**
广 州	Guangzhou	21002.4	229.2	6110.0	14663.3
深 圳	Shenzhen	25266.1	22.6	9995.9	15247.6
珠 海	Zhuhai	3216.8	54.1	1450.8	1711.9
汕 头	Shantou	2503.1	110.6	1221.5	1171.1
江 门	Jiangmen	3001.2	201.9	1328.6	1470.8
湛 江	Zhanjiang	2944.5	528.7	1058.8	1357.0
茂 名	Maoming	3095.1	490.6	1084.6	1519.9
惠 州	Huizhou	4003.3	176.1	2122.2	1705.0
汕 尾	Shanwei	1004.0	133.2	371.3	499.5
阳 江	Yangjiang	1167.7	220.0	389.3	558.4
东 莞	Dongguan	8818.1	25.8	4960.4	3831.9
中 山	Zhongshan	3053.7	63.1	1539.4	1451.3
潮 州	Chaozhou	1005.3	76.8	500.2	428.3
揭 阳	Jieyang	2002.1	164.8	804.4	1033.0
广 西	**Guangxi**	**3202.1**	**543.4**	**1460.2**	**1198.6**
北 海	Beihai	1213.3	201.2	583.2	428.9
防城港	Fangchenggang	696.8	96.9	343.8	256.1
钦 州	Qinzhou	1292.0	245.3	533.1	513.5
海 南	**Hainan**	**2106.0**	**132.2**	**394.2**	**1579.5**
海 口	Haikou	1510.5	64.0	276.0	1170.6
三 亚	Sanya	595.5	68.3	118.2	409.0

9-6 县级单位主要统计指标
Main Indicators of Regions at County Level

单位：万元 (10000 yuan)

沿海县 Coastal County		第一产业增加值 Value-added of Primary Industry		第二产业增加值 Value-added of Secondary Industry	
		2017	2018	2017	2018
合　计	**Total**	**61306416**	**64652231**	**276302869**	**296863447**
河　北	**Hebei**	**3052209**	**3233085**	**8367330**	**9176677**
丰　南	Fengnan	388541	410593	3341991	3834621
滦　南	Luannan	683556	740338	1103005	1252796
乐　亭	Laoting	731003	754411	1245124	1435627
昌　黎	Changli	592503	612048	1031717	1230123
抚　宁	Funing	288982	304143	275706	269690
黄　骅	Huanghua	297937	325598	1136204	953463
海　兴	Haixing	69687	85954	233583	200357
辽　宁	**Liaoning**	**6290742**	**6780136**	**13515990**	**15593440**
长　海	Changhai	524869	503115	77038	77671
瓦房店	Wafangdian	838724	1019378	4587320	5201280
普兰店	Pulandian	694452	728776	2141518	2473487
庄　河	Zhuanghe	1079802	1133486	2674899	3244677
东　港	Donggang	652950	708344	727720	730393
凌　海	Linghai	457207	475115	370934	426205
盖　州	Gaizhou	415359	451512	573088	583416
大　洼	Dawa	502874	533026	1223254	1404242
盘　山	Panshan	350111	399088	514199	771239
绥　中	Suizhong	506257	549125	461117	511843
兴　城	Xingcheng	268137	279171	164903	168987

注：数据来源于《中国县域统计年鉴2019》；各沿海地区数据为沿海县合计数。

Note: The data come from the *China Statistical Yearbook (County-level) 2019* .

The data for coastal regions are the total of coastal counties.

沿海县 Coastal County			第一产业增加值 Value-added of Primary Industry		第二产业增加值 Value-added of Secondary Industry	
			2017	2018	2017	2018
江 苏		**Jiangsu**	**8975830**	**9346400**	**37587656**	**40253900**
海 安		Hai'an	588287	614100	4124500	4674000
如 东		Rudong	713686	752200	3912129	4391300
启 东		Qidong	691322	720400	4750950	5053400
海 门		Haimen	560078	588000	5630577	6095100
赣 榆		Ganyu	905354	912600	2787500	2807900
东 海		Donghai	697942	734600	2116300	2077800
灌 云		Guanyun	661274	691500	1621500	1590600
灌 南		Guannan	540177	572400	1631900	1621200
响 水		Xiangshui	414227	428200	1563500	1739100
滨 海		Binhai	607417	634500	1796700	1937500
射 阳		Sheyang	841748	876700	1819400	1967100
东 台		Dongtai	951762	990300	3292900	3561200
大 丰		Dafeng	802556	830900	2539800	2737700
浙 江		**Zhejiang**	**7254283**	**7304457**	**68386959**	**75446169**
象 山		Xiangshan	707211	734160	2039594	2255890
宁 海		Ninghai	429634	434043	2793094	3159675
余 姚		Yuyao	447730	440840	5893314	6424287
慈 溪		Cixi	530332	522413	9337171	10525944
奉 化		Fenghua	304169	300134	3195823	3552096
洞 头		Dongtou	63190	56606	309794	366188
平 阳		Pingyang	166330	169213	1522953	1792544
苍 南		Cangnan	324651	330186	1903003	2012341
瑞 安		Rui'an	230962	236413	3541767	3853664
乐 清		Yueqing	201865	200004	4168836	4566244
海 盐		Haiyan	168811	166671	2696389	2938511
海 宁		Haining	177519	176313	4794040	5380163
平 湖		Pinghu	119934	119082	3554901	4172281

9-6 续表2 continued

沿海县 Coastal County			第一产业增加值 Value-added of Primary Industry		第二产业增加值 Value-added of Secondary Industry	
			2017	2018	2017	2018
柯 桥	Keqiao		356140	351238	6866857	7088693
上 虞	Shangyu		459445	465809	4383856	4717691
岱 山	Daishan		398400	431695	755700	816627
嵊 泗	Shengsi		310800	322000	159100	164000
玉 环	Yuhuan		341093	343698	2846877	3145111
三 门	Sanmen		297727	307058	772155	863239
温 岭	Wenling		753120	751060	4058581	4547930
临 海	Linhai		465220	445821	2793154	3103050
福 建	**Fujian**		**8548557**	**9256997**	**57572814**	**63283618**
连 江	Lianjiang		1271913	1358675	1864447	2039177
罗 源	Luoyuan		401056	439929	1346212	1433447
平 潭	Pingtan		337231	345510	653400	718517
福 清	Fuqing		882904	951498	5082769	5436994
长 乐	Changle		491522	538082	4706738	5015332
仙 游	Xianyou		176589	189219	1736353	2016324
惠 安	Hui'an		296036	303840	6448957	7442444
金 门	Jinmen					
石 狮	Shishi		254482	254995	3905000	4125569
晋 江	Jinjiang		198806	202988	11953300	13336858
南 安	Nan'an		267277	274956	5764100	6128094
云 霄	Yunxiao		268060	373236	977860	1056617
漳 浦	Zhangpu		698028	758520	1404383	1747872
诏 安	Zhao'an		453708	479332	1086956	1203406
东 山	Dongshan		340793	380363	949182	1071091
龙 海	Longhai		667756	732557	4569448	4890665
霞 浦	Xiapu		573687	639438	635667	664195
福 安	Fu'an		463648	482146	2511556	2909072
福 鼎	Fuding		505061	551713	1976486	2047944

沿海县 Coastal County		第一产业增加值 Value-added of Primary Industry		第二产业增加值 Value-added of Secondary Industry	
		2017	2018	2017	2018
山 东	**Shandong**	**9841133**	**10680792**	**62056539**	**64655358**
胶 州	Jiaozhou	493786	532700	5874700	6039500
即 墨	Jimo	668810	708400	7117600	7617200
垦 利	Kenli	209539	280079	2655488	2785281
利 津	Lijin	291317	318692	1558257	1728877
广 饶	Guangrao	440814	446138	5668694	5971015
长 岛	Changdao	395339	429250	44689	44080
龙 口	Longkou	394819	305000	6731002	6949000
莱 阳	Laiyang	441244	460749	1759935	1844710
莱 州	Laizhou	713801	770483	3832832	3991338
蓬 莱	Penglai	437250	474680	2538816	2637462
招 远	Zhaoyuan	421777	448497	3763927	3967951
海 阳	Haiyang	715198	770780	1184224	1252598
寿 光	Shouguang	1020553	994400	3463000	3556100
昌 邑	Changyi	385117	478100	2255200	2277100
文 登	Wendeng	628546	687553	3811213	3797261
荣 成	Rongcheng	912190	1224391	5152536	5140238
乳 山	Rushan	431392	471028	2550217	2554386
无 棣	Wudi	457844	476037	1467459	1917924
沾 化	Zhanhua	381797	403835	626750	583337
广 东	**Guangdong**	**10313635**	**10711273**	**23589744**	**23004135**
南 澳	Nan'ao	47936	87371	60555	65431
台 山	Taishan	649236	661704	2115751	2363014
恩 平	Enping	187775	205353	569004	592933
遂 溪	Suixi	1070753	1187126	821873	841112
徐 闻	Xuwen	780168	835573	125897	170428

9-6 续表4 continued

沿海县 Coastal County			第一产业增加值 Value-added of Primary Industry		第二产业增加值 Value-added of Secondary Industry	
			2017	2018	2017	2018
廉 江	Lianjiang		1004172	1095806	2372761	2682292
雷 州	Leizhou		1103989	1216685	289841	299046
吴 川	Wuchuan		285059	310462	1218401	1190053
电 白	Dianbai		1209491	1266524	2438181	2575608
惠 东	Huidong		505651	466315	3009811	2294934
海 丰	Haifeng		414087	327773	1457291	1078154
陆 丰	Lufeng		576540	598000	1184174	1273800
阳 西	Yangxi		547872	569673	755001	745704
阳 东	Yangdong		489155	509488	1436149	1354309
饶 平	Raoping		440994	490900	1109500	1048100
揭 东	Jiedong		406970	350784	3045622	2799640
惠 来	Huilai		593787	531736	1579932	1629577
广 西	**Guangxi**		**1120058**	**1176503**	**1112138**	**1005578**
合 浦	Hepu		932476	978122	662309	644440
东 兴	Dongxing		187582	198381	449829	361138
海 南	**Hainan**		**5909969**	**6162588**	**4113699**	**4444572**
琼 海	Qionghai		796460	823319	326132	383343
儋 州	Danzhou					
文 昌	Wenchang		754516	813325	487897	559935
万 宁	Wanning		624000	652683	419000	494365
东 方	Dongfang		425537	449445	657227	789145
澄 迈	Chengmai		750056	776900	1146290	1025446
临 高	Lingao		1122219	1152662	109608	122523
昌 江	Changjiang		293386	306303	505548	543023
乐 东	Ledong		693021	728149	170580	196129
陵 水	Lingshui		450774	459802	291417	330663

9-6 续表5 continued

沿海县 Coastal County			公共财政收入 Public Revenue of Local Governments		公共财政支出 Public Expenditure of Local Governments	
			2017	2018	2017	2018
合	计	**Total**	**42296041**	**43219464**	**67457998**	**74312532**
河	北	**Hebei**	**992954**	**1150679**	**2102715**	**2534199**
丰	南	Fengnan	397342	448170	508356	634882
滦	南	Luannan	110058	126660	275218	346872
乐	亭	Laoting	137076	157405	293370	352785
昌	黎	Changli	106018	145988	294380	339999
抚	宁	Funing	40884	41076	178043	189216
黄	骅	Huanghua	163726	188008	397398	492037
海	兴	Haixing	37850	43372	155950	178408
辽	宁	**Liaoning**	**2103041**	**2402996**	**4558211**	**5020734**
长	海	Changhai	47000	40010	147385	105658
瓦房店		Wafangdian	511356	633311	847370	891962
普兰店		Pulandian	165914	183448	395773	424102
庄	河	Zhuanghe	261683	358078	623180	689444
东	港	Donggang	131039	144011	417889	459905
凌	海	Linghai	100209	107899	349697	331979
盖	州	Gaizhou	227035	89760	264189	379791
大	洼	Dawa	311372	415663	527279	630245
盘	山	Panshan	127352	180308	277586	296439
绥	中	Suizhong	108488	123086	332965	381429
兴	城	Xingcheng	111593	127422	374898	429780

沿海县 Coastal County		公共财政收入 Public Revenue of Local Governments		公共财政支出 Public Expenditure of Local Governments	
		2017	2018	2017	2018
江 苏	**Jiangsu**	**5278702**	**5486922**	**9947066**	**11099789**
海 安	Hai'an	600135	617149	864704	1124934
如 东	Rudong	555588	575510	1081022	1191789
启 东	Qidong	711282	723051	926737	952257
海 门	Haimen	725403	710074	937857	1027114
赣 榆	Ganyu	231745	258097	615787	695891
东 海	Donghai	211167	230035	619818	667483
灌 云	Guanyun	205658	223254	548464	565708
灌 南	Guannan	218838	224977	501895	534079
响 水	Xiangshui	239012	253504	550081	615414
滨 海	Binhai	273002	289405	753553	809997
射 阳	Sheyang	241800	263600	751108	851088
东 台	Dongtai	540066	567000	949430	1153415
大 丰	Dafeng	525006	551266	846610	910620
浙 江	**Zhejiang**	**11803898**	**13556569**	**15538906**	**17913472**
象 山	Xiangshan	392698	409984	702706	686585
宁 海	Ninghai	554779	616311	800286	834266
余 姚	Yuyao	906480	1006321	1026808	1153702
慈 溪	Cixi	1573080	1800004	1514577	1885582
奉 化	Fenghua	429354	494700	684824	718765
洞 头	Dongtou	71022	81758	223016	279707
平 阳	Pingyang	297950	395628	602825	715866
苍 南	Cangnan	337222	377207	806195	1053672
瑞 安	Rui'an	634679	710898	982303	1091299
乐 清	Yueqing	794030	943017	952075	1159263
海 盐	Haiyan	406520	475231	487021	611813
海 宁	Haining	777242	889957	819513	831452
平 湖	Pinghu	688688	818818	735843	867500

沿海县 Coastal County			公共财政收入 Public Revenue of Local Governments		公共财政支出 Public Expenditure of Local Governments	
			2017	2018	2017	2018
柯	桥	Keqiao	1140629	1263560	1018938	1128860
上	虞	Shangyu	701094	826461	725852	864179
岱	山	Daishan	155195	241540	415997	541712
嵊	泗	Shengsi	66659	72008	240756	281392
玉	环	Yuhuan	484919	533376	646672	699759
三	门	Sanmen	167830	186290	405848	483152
温	岭	Wenling	680900	772850	911183	1078061
临	海	Linhai	542928	640650	835668	946885
福	建	**Fujian**	**8950789**	**7598720**	**10848375**	**10855531**
连	江	Lianjiang	461308	486628	666093	706249
罗	源	Luoyuan	127210	149474	317661	303733
平	潭	Pingtan	296708	605548	886147	1347377
福	清	Fuqing	1003125	1310062	880935	988390
长	乐	Changle	650320	766436	658720	615868
仙	游	Xianyou	320103	244605	535935	497477
惠	安	Hui'an	388887	302295	672935	551949
金	门	Jinmen				
石	狮	Shishi	601069	418213	530832	542909
晋	江	Jinjiang	2122345	1351988	1458274	1355106
南	安	Nan'an	702869	459874	741801	681769
云	霄	Yunxiao	113332	81926	327597	282891
漳	浦	Zhangpu	292578	212871	571957	494463
诏	安	Zhao'an	92821	71244	327595	370069
东	山	Dongshan	176299	110807	278675	213063
龙	海	Longhai	876402	570710	783368	732099
霞	浦	Xiapu	122458	130786	368761	359466
福	安	Fu'an	347640	42736	433087	424242
福	鼎	Fuding	255315	282517	408002	388411

沿海县 Coastal County			公共财政收入 Public Revenue of Local Governments		公共财政支出 Public Expenditure of Local Governments	
			2017	2018	2017	2018
山 东		**Shandong**	**8917858**	**9441715**	**10904839**	**11860764**
胶 州		Jiaozhou	965177	1003788	1089059	1169575
即 墨		Jimo	1043467	1111918	1282609	1687264
垦 利		Kenli	227177	243158	288000	311166
利 津		Lijin	137800	150117	276113	297146
广 饶		Guangrao	410311	443511	499185	506725
长 岛		Changdao	12802	14354	82363	94553
龙 口		Longkou	980017	1044617	946538	1038079
莱 阳		Laiyang	181187	220716	358880	432279
莱 州		Laizhou	582092	615007	618487	665486
蓬 莱		Penglai	327418	351975	391333	422471
招 远		Zhaoyuan	575000	612500	571086	611626
海 阳		Haiyang	303766	323606	396169	412265
寿 光		Shouguang	903102	934769	954598	992904
昌 邑		Changyi	307943	317140	406138	446908
文 登		Wendeng	516866	537598	634930	652151
荣 成		Rongcheng	719298	748499	1023568	998279
乳 山		Rushan	317559	330268	438782	445043
无 棣		Wudi	297926	322124	419097	446135
沾 化		Zhanhua	108950	116050	227904	230709
广 东		**Guangdong**	**1963136**	**1984265**	**8185693**	**9123168**
南 澳		Nan'ao	23119	26164	141804	126005
台 山		Taishan	266888	292425	505891	622878
恩 平		Enping	105083	114041	269555	301876
遂 溪		Suixi	69316	74075	420123	458127
徐 闻		Xuwen	44469	49510	375229	394450

9-6 续表9 continued

沿海县 Coastal County		公共财政收入 Public Revenue of Local Governments		公共财政支出 Public Expenditure of Local Governments	
		2017	2018	2017	2018
廉 江	Lianjiang	116928	120850	632400	777929
雷 州	Leizhou	44909	55187	658737	714468
吴 川	Wuchuan	67454	84482	476564	485297
电 白	Dianbai	239385	205169	816240	856723
惠 东	Huidong	379443	347431	730992	720478
海 丰	Haifeng	76864	85598	526133	619139
陆 丰	Lufeng	67399	74253	702914	810092
阳 西	Yangxi	68798	65480	291308	255018
阳 东	Yangdong	120607	140880	299272	381305
饶 平	Raoping	76769	81463	452545	552127
揭 东	Jiedong	111284	115621	448605	463907
惠 来	Huilai	84421	51636	437381	583349
广 西	**Guangxi**	**174090**	**127046**	**728145**	**735127**
合 浦	Hepu	68614	77614	483175	526131
东 兴	Dongxing	105476	49432	244970	208996
海 南	**Hainan**	**2111573**	**1470552**	**4644048**	**5169748**
琼 海	Qionghai	167416	162041	468499	570822
儋 州	Danzhou				
文 昌	Wenchang	271091	137090	522428	732457
万 宁	Wanning	162400	148515	506400	604010
东 方	Dongfang	138091	139519	454887	558431
澄 迈	Chengmai	618002	246743	656590	622998
临 高	Lingao	100460	55916	532170	556513
昌 江	Changjiang	116117	128884	316736	354613
乐 东	Ledong	80555	74965	470649	509754
陵 水	Lingshui	457441	376879	715689	660150

— 186 —

9-7 沿海地区一般公共预算收入与支出（2019年）
General Public Budget Revenue and Expenditure
by Coastal Regions (2019)

单位：亿元 (100 million yuan)

地 区 Region	地方一般公共预算收入 General Public Budget Revenue	地方一般公共预算支出 General Public Budget Expenditure
合 计 **Total**	**56678.0**	**89240.8**
天 津 Tianjin	2410.4	3555.7
河 北 Hebei	3739.0	8309.0
辽 宁 Liaoning	2652.4	5745.1
上 海 Shanghai	7165.1	8179.3
江 苏 Jiangsu	8802.4	12573.6
浙 江 Zhejiang	7048.6	10053.0
福 建 Fujian	3052.9	5077.9
山 东 Shandong	6526.7	10739.8
广 东 Guangdong	12654.5	17297.9
广 西 Guangxi	1811.9	5851.0
海 南 Hainan	814.1	1858.6

9-8 沿海地区教育基本情况（2019年）
Basic Conditions of Education by Coastal Regions (2019)

地 区 Region	普通高等学校（机构）数 （所） Number of Regular Higher Institutions (unit)	本、专科在校学生数 （人） Number of Enrollment in Normal and Short-cycle Courses (person)	本、专科毕业生数 （人） Number of Students Graduated in Normal and Short-cycle Courses (person)
全国总计 National Total	2688	30315262	7585298
天 津 Tianjin	56	539366	137063
河 北 Hebei	122	1473971	357831
辽 宁 Liaoning	115	1041144	257106
上 海 Shanghai	64	526585	131694
江 苏 Jiangsu	167	1874084	488498
浙 江 Zhejiang	108	1074688	283396
福 建 Fujian	90	861231	200169
山 东 Shandong	146	2183944	577980
广 东 Guangdong	154	2053977	522094
广 西 Guangxi	78	1076408	233144
海 南 Hainan	20	207424	50393

9-9 沿海地区卫生基本情况（2019年）
Basic Conditions of Public Health by Coastal Regions (2019)

地 区 Region	医疗卫生机构数 （个） Health Care Institutions (unit)	医疗卫生机构床位数 （万张） Number of Beds in Health Care Institutions (10000 beds)	卫生人员 （人） Number of Employed Persons in Health Care Institutions (person)
全国总计 **National Total**	**1007579**	**880.7**	**12928335**
天 津 Tianjin	5962	6.8	139232
河 北 Hebei	84651	43.0	647179
辽 宁 Liaoning	34238	31.4	396701
上 海 Shanghai	5597	14.7	248653
江 苏 Jiangsu	34796	51.6	786334
浙 江 Zhejiang	34119	35.0	628000
福 建 Fujian	27788	20.2	334346
山 东 Shandong	83616	63.0	1000633
广 东 Guangdong	53900	54.5	961948
广 西 Guangxi	33679	27.7	440387
海 南 Hainan	5417	5.0	85927

9-10 沿海地区电力消费量
Electricity Consumption by Coastal Region

单位：亿千瓦·时 (100 million kW-h)

地 区 Region	2017	2018	2019
天 津 Tianjin	806	861	878
河 北 Hebei	3442	3666	3856
辽 宁 Liaoning	2135	2302	2401
上 海 Shanghai	1527	1567	1569
江 苏 Jiangsu	5808	6128	6264
浙 江 Zhejiang	4193	4533	4706
福 建 Fujian	2113	2314	2402
山 东 Shandong	5430	5917	6219
广 东 Guangdong	5959	6323	6696
广 西 Guangxi	1445	1703	1907
海 南 Hainan	305	327	355

9-11 沿海地区供水用水情况（2019年）
Water Supply and Water Use by Coastal Regions (2019)

地　区 Region	供水总量 （亿立方米） Water Supply (100 million m³)	人均用水量 （立方米/人） Per Capita Water Use (m³/person)
全国总计 **National Total**	**6021.2**	**430.8**
天　津 Tianjin	28.4	181.9
河　北 Hebei	182.3	240.7
辽　宁 Liaoning	130.3	299.2
上　海 Shanghai	100.9	415.9
江　苏 Jiangsu	619.1	768.1
浙　江 Zhejiang	165.8	286.2
福　建 Fujian	177.5	448.6
山　东 Shandong	225.3	224.0
广　东 Guangdong	412.3	360.6
广　西 Guangxi	283.4	573.3
海　南 Hainan	46.4	493.9

9-12 沿海地区固定资产投资（不含农户）增长情况（2019年）

Growth Rate of Total Investment (Excluding Rural Households) over Preceding Year by Coastal Regions (2019)

单位：% (%)

地 区 Region	全部投资 Total Investment	#基础设施 Infrastructure	制造业 Manufacturing
全国总计 **National Total**	**5.4**	**3.8**	**3.1**
天　津 Tianjin	13.1	14.9	9.1
河　北 Hebei	6.5	19.1	1.6
辽　宁 Liaoning	0.3	−11.8	-7.3
上　海 Shanghai	5.1	-0.9	21.1
江　苏 Jiangsu	5.1	2.1	4.6
浙　江 Zhejiang	10.0	10.2	12.9
福　建 Fujian	5.9	-10.5	16.2
山　东 Shandong	-8.2	7.9	-31.1
广　东 Guangdong	11.1	20.2	1.0
广　西 Guangxi	9.6	2.4	9.2
海　南 Hainan	-9.2	-11.2	19.9

9-13 沿海地区按收发货人所在地分货物
进出口总额（2019年）
Total Value of Imports and Exports by Location of Importers/Exporters of Coastal Regions (2019)

单位：亿美元 (USD 100 million)

地区 Region	进出口 Total	出口 Exports	进口 Imports
全国总计 National Total	45778.9	24994.8	20784.1
天　津 Tianjin	1066.5	437.9	628.5
河　北 Hebei	580.4	343.8	236.6
辽　宁 Liaoning	1053.2	454.4	598.8
上　海 Shanghai	4939.1	1989.9	2949.1
江　苏 Jiangsu	6295.2	3948.3	2346.9
浙　江 Zhejiang	4472.2	3346	1126.2
福　建 Fujian	1931.1	1202	729.1
山　东 Shandong	2970	1614.4	1355.6
广　东 Guangdong	10366.3	6294.5	4071.7
广　西 Guangxi	682.2	377.5	304.8
海　南 Hainan	131.5	49.9	81.7

9-14 沿海地区城镇居民人均可支配收入和
人均消费支出（2019年）
Per Capita Disposable Income and Consumption Expenditure of
Urban Households by Coastal Regions (2019)

单位：元   (yuan)

地　区 Region	可支配收入 Disposable Income	#工资性收入 Income from Wages and Salaries	消费支出 Consumption Expenditure
全　国 **National Average**	**42358.8**	**25564.8**	**28063.4**
天　津 Tianjin	46118.9	29588.2	34810.7
河　北 Hebei	35737.7	22792.8	23483.1
辽　宁 Liaoning	39777.2	22120.5	27355.0
上　海 Shanghai	73615.3	42328.2	48271.6
江　苏 Jiangsu	51056.1	30415.7	31329.1
浙　江 Zhejiang	60182.3	33663.0	37507.9
福　建 Fujian	45620.5	27992.2	30945.5
山　东 Shandong	42329.2	26610.9	26731.5
广　东 Guangdong	48117.6	34151.9	34424.1
广　西 Guangxi	34744.9	19343.9	21590.9
海　南 Hainan	36016.7	23059.3	25316.7

9-15 沿海地区农村居民人均可支配收入和
人均消费支出（2019年）

Per Capita Disposable Income and Consumption Expenditure of
Rural Households by Coastal Regions (2019)

单位：元 (yuan)

地 区 Region	可支配收入 Disposable Income	#工资性收入 Income from Wages and Salaries	消费支出 Consumption Expenditure
全 国 **National Average**	**16020.7**	**6583.5**	**13327.7**
天 津 Tianjin	24804.1	14750.5	17843.3
河 北 Hebei	15373.1	8120.0	12372.0
辽 宁 Liaoning	16108.3	6223.6	12030.2
上 海 Shanghai	33195.2	20019.8	22448.9
江 苏 Jiangsu	22675.4	11076.7	17715.9
浙 江 Zhejiang	29875.8	18479.6	21351.7
福 建 Fujian	19568.4	8949.3	16281.4
山 东 Shandong	17775.5	7165.2	12308.9
广 东 Guangdong	18818.4	9698.7	16949.4
广 西 Guangxi	13675.7	4258.5	12045.0
海 南 Hainan	15113.1	6316.6	12417.5

9-16 沿海地区年末人口数
Population at Year-end by Coastal Regions

单位：万人 (10000 persons)

地　区 Region	2017	2018	2019
全国总计 **National Total**	139008	139538	140005
天　津 Tianjin	1557	1560	1562
河　北 Hebei	7520	7556	7592
辽　宁 Liaoning	4369	4359	4352
上　海 Shanghai	2418	2424	2428
江　苏 Jiangsu	8029	8051	8070
浙　江 Zhejiang	5657	5737	5850
福　建 Fujian	3911	3941	3973
山　东 Shandong	10006	10047	10070
广　东 Guangdong	11169	11346	11521
广　西 Guangxi	4885	4926	4960
海　南 Hainan	926	934	945

注：数据为年度人口抽样调查推算数据；各地区数据为常住人口口径。

Note: The data are estimated from the annual national sample survey on population.Data by region are of permanent residents.

9-17 沿海城市年末总人口
Total Population at Year-end of Coastal Cities

单位：万人 (10000 persons)

沿海城市 Coastal City		2016	2017	2018
合　计	**Total**	**25435.4**	**25662.1**	**25982.8**
天　津	**Tianjin**	**1044.4**	**1050.0**	**1081.6**
河　北	**Hebei**	**1838.0**	**1831.0**	**1865.6** [1]
唐　山	Tangshan	760.0	755.0	793.6 [1]
秦皇岛	Qinhuangdao	298.0	298.0	313.4 [1]
沧　州	Cangzhou	780.0	778.0	758.6 [1]
辽　宁	**Liaoning**	**1779.0**	**1765.0**	**1762.0**
大　连	Dalian	596.0	595.0	595.2
丹　东	Dandong	238.0	235.0	234.1
锦　州	Jinzhou	302.0	296.0	295.0
营　口	Yingkou	233.0	232.0	231.4
盘　锦	Panjin	130.0	130.0	129.9
葫芦岛	Huludao	280.0	277.0	276.4
上　海	**Shanghai**	**1450.0**	**1455.1**	**1462.4**
江　苏	**Jiangsu**	**2132.0**	**2123.0**	**2121.6**
南　通	Nantong	767.0	764.0	762.5
连云港	Lianyungang	534.0	533.0	534.3
盐　城	Yancheng	831.0	826.0	824.7

注：数据来源于《2018中国省市经济发展年鉴》和各省（自治区、直辖市）统计年鉴；

各沿海地区数据为沿海城市合计数；

①根据抽样调查数据推算。

Note: The data come from the *China Provinces and Cities Economic Development Yearbook 2018* and the statistical yearbooks of provinces, autonomous regions and municipalities directly under the Central Government. The data for coastal regions are the total of coastal cities.

①The data are estimated on the basis of the annual sample surveys of population.

沿海城市 Coastal City		2016	2017	2018
浙　江	**Zhejiang**	**3639.0**	**3679.0**	**3715.7**
杭　州	Hangzhou	736.0	754.0	774.1
宁　波	Ningbo	591.0	597.0	603.0
温　州	Wenzhou	818.0	825.0	828.7
嘉　兴	Jiaxing	352.0	356.0	360.4
绍　兴	Shaoxing	445.0	446.0	447.2
舟　山	Zhoushan	97.0	97.0	96.9
台　州	Taizhou	600.0	604.0	605.4
福　建	**Fujian**	**2848.0**	**2886.0**	**2886.0**
福　州	Fuzhou	687.0	693.0	702.7
厦　门	Xiamen	221.0	231.0	241.2
莆　田	Putian	350.0	355.0	360.3
泉　州	Quanzhou	730.0	742.0	755.1
漳　州	Zhangzhou	508.0	514.0	520.8
宁　德	Ningde	352.0	351.0	353.8
山　东	**Shandong**	**3488.0**	**3514.0**	**3542.4**
青　岛	Qingdao	791.0	803.0	817.8
东　营	Dongying	193.0	195.0	196.7
烟　台	Yantai	655.0	654.0	653.9
潍　坊	Weifang	901.0	908.0	914.2
威　海	Weihai	256.0	256.0	256.5
日　照	Rizhao	300.0	304.0	306.7
滨　州	Binzhou	392.0	394.0	396.7

沿海城市 Coastal City		2016	2017	2018
广 东	**Guangdong**	**6312.0**	**6445.0**	**6613.5**
广 州	Guangzhou	870.0	898.0	927.7
深 圳	Shenzhen	385.0	435.0	497.5
珠 海	Zhuhai	115.0	119.0	127.4
汕 头	Shantou	559.0	565.0	569.4
江 门	Jiangmen	394.0	396.0	398.9
湛 江	Zhanjiang	835.0	839.0	848.0
茂 名	Maoming	799.0	804.0	810.6
惠 州	Huizhou	364.0	369.0	380.9
汕 尾	Shanwei	362.0	363.0	363.5
阳 江	Yangjiang	296.0	297.0	299.9
东 莞	Dongguan	201.0	211.0	231.6
中 山	Zhongshan	161.0	170.0	176.9
潮 州	Chaozhou	274.0	276.0	275.8
揭 阳	Jieyang	697.0	703.0	705.4
广 西	**Guangxi**	**680.0**	**684.0**	**692.9**
北 海	Beihai	174.0	175.0	178.2
防城港	Fangchenggang	97.0	98.0	99.3
钦 州	Qinzhou	409.0	411.0	415.4
海 南	**Hainan**	**225.0**	**230.0**	**239.1**
海 口	Haikou	167.0	171.0	177.6
三 亚	Sanya	58.0	59.0	61.5

9-18 沿海县户籍总人口
Total Population of Household Registration of Coastal Counties

单位：万人 (10000 persons)

沿海县 Coastal County		2016	2017	2018
合　计	**Total**	**8720**	**8703**	**8723**
河　北	**Hebei**	**319**	**313**	**314**
丰　南	Fengnan	53	53	54
滦　南	Luannan	58	57	57
乐　亭	Laoting	45	45	45
昌　黎	Changli	56	53	52
抚　宁	Funing	35	33	34
黄　骅	Huanghua	48	48	48
海　兴	Haixing	24	24	24
辽　宁	**Liaoning**	**638**	**631**	**630**
长　海	Changhai	7	7	7
瓦房店	Wafangdian	100	99	99
普兰店	Pulandian	75	73	73
庄　河	Zhuanghe	90	89	89
东　港	Donggang	61	59	60
凌　海	Linghai	51	51	50
盖　州	Gaizhou	70	70	69
大　洼	Dawa	38	39	39
盘　山	Panshan	27	27	27
绥　中	Suizhong	65	64	64
兴　城	Xingcheng	54	53	53

注：数据来源于《中国县域统计年鉴2019》；各沿海地区数据为沿海县合计数。
Note: The data come from the *China Statistical Yearbook (County-level) 2019* .
　　　The data for coastal regions are the total of coastal counties.

沿海县 Coastal County		2016	2017	2018
江 苏	**Jiangsu**	**1306**	**1301**	**1298**
海 安	Hai'an	94	93	93
如 东	Rudong	104	103	102
启 东	Qidong	112	112	111
海 门	Haimen	100	100	100
赣 榆	Ganyu	120	120	120
东 海	Donghai	123	124	125
灌 云	Guanyun	105	104	104
灌 南	Guannan	83	82	82
响 水	Xiangshui	62	62	62
滨 海	Binhai	123	123	123
射 阳	Sheyang	96	96	95
东 台	Dongtai	112	111	110
大 丰	Dafeng	72	71	71
浙 江	**Zhejiang**	**1501**	**1508**	**1512**
象 山	Xiangshan	55	55	55
宁 海	Ninghai	63	63	63
余 姚	Yuyao	84	84	84
慈 溪	Cixi	105	105	106
奉 化	Fenghua	48	48	48
洞 头	Dongtou	15	15	15
平 阳	Pingyang	88	89	89
苍 南	Cangnan	134	135	135
瑞 安	Rui'an	124	125	125
乐 清	Yueqing	130	130	131
海 盐	Haiyan	38	39	38
海 宁	Haining	68	69	70
平 湖	Pinghu	49	50	50

沿海县 Coastal County		2016	2017	2018
柯 桥	Keqiao	66	67	68
上 虞	Shangyu	78	78	78
岱 山	Daishan	19	18	18
嵊 泗	Shengsi	8	8	8
玉 环	Yuhuan	43	43	44
三 门	Sanmen	44	45	45
温 岭	Wenling	122	122	122
临 海	Linhai	120	120	120
福 建	**Fujian**	**1367**	**1379**	**1401**
连 江	Lianjiang	67	68	68
罗 源	Luoyuan	27	27	27
平 潭	Pingtan	44	44	45
福 清	Fuqing	136	137	138
长 乐	Changle	73	74	75
仙 游	Xianyou	115	116	117
惠 安	Hui'an	102	102	104
金 门	Jinmen			
石 狮	Shishi	33	34	35
晋 江	Jinjiang	113	115	118
南 安	Nan'an	161	164	171
云 霄	Yunxiao	46	46	47
漳 浦	Zhangpu	92	93	94
诏 安	Zhao'an	66	67	68
东 山	Dongshan	22	22	22
龙 海	Longhai	88	89	90
霞 浦	Xiapu	55	54	55
福 安	Fu'an	67	67	67
福 鼎	Fuding	60	60	60

沿海县 Coastal County			2016	2017	2018
山	东	**Shandong**	**1149**	**1149**	**1146**
胶	州	Jiaozhou	84	85	86
即	墨	Jimo	116	117	118
垦	利	Kenli	23	24	24
利	津	Lijin	28	31	31
广	饶	Guangrao	52	53	53
长	岛	Changdao	4	4	4
龙	口	Longkou	64	64	64
莱	阳	Laiyang	91	87	86
莱	州	Laizhou	85	85	84
蓬	莱	Penglai	45	40	40
招	远	Zhaoyuan	57	57	56
海	阳	Haiyang	64	65	64
寿	光	Shouguang	108	110	110
昌	邑	Changyi	59	59	59
文	登	Wendeng	58	58	57
荣	成	Rongcheng	67	66	66
乳	山	Rushan	56	55	55
无	棣	Wudi	48	49	49
沾	化	Zhanhua	40	40	40
广	东	**Guangdong**	**1876**	**1856**	**1850**
南	澳	Nan'ao	8	8	8
台	山	Taishan	97	97	97
恩	平	Enping	49	50	50
遂	溪	Suixi	110	110	111
徐	闻	Xuwen	77	78	78

沿海县 Coastal County			2016	2017	2018
廉	江	Lianjiang	182	182	185
雷	州	Leizhou	181	182	184
吴	川	Wuchuan	120	121	122
电	白	Dianbai	208	193	195
惠	东	Huidong	88	88	89
海	丰	Haifeng	85	86	78
陆	丰	Lufeng	189	190	191
阳	西	Yangxi	54	54	55
阳	东	Yangdong	51	51	51
饶	平	Raoping	107	107	107
揭	东	Jiedong	111	111	112
惠	来	Huilai	159	148	137
广	西	**Guangxi**	**123**	**124**	**125**
东	兴	Dongxing	108	15	15
合	浦	Hepu	15	109	110
海	南	**Hainan**	**441**	**442**	**447**
琼	海	Qionghai	51	52	52
儋	州	Danzhou			
文	昌	Wenchang	60	60	60
万	宁	Wanning	62	62	63
东	方	Dongfang	45	45	46
澄	迈	Chengmai	56	56	57
临	高	Lingao	50	50	50
昌	江	Changjiang	26	25	26
乐	东	Ledong	53	54	54
陵	水	Lingshui	38	38	39

9-19 沿海地区就业人员情况
Employed Persons by Coastal Regions

单位：万人 (10000 persons)

地 区 Region	2016	2017	2018
合 计 **Total**	36405.4	36445.7	36245.1
天 津 Tianjin	902.4	894.8	896.6
河 北 Hebei	4224.0	4206.7	4196.1
辽 宁 Liaoning	2301.2	2284.7	2260.6
上 海 Shanghai	1365.2	1372.7	1375.7
江 苏 Jiangsu	4756.2	4757.8	4750.9
浙 江 Zhejiang	3760.0	3796.0	3836.0
福 建 Fujian	2768.4	2805.7	2791.4
山 东 Shandong	6649.7	6560.6	6180.6
广 东 Guangdong	6279.2	6340.8	6508.7
广 西 Guangxi	2841.0	2842.0	2848.0
海 南 Hainan	558.1	583.9	600.5

注：数据来源于各省（自治区、直辖市）统计年鉴。

Note: The data come from the statistical yearbooks of provinces, autonomous regions and municipalities directly under the Central Government.

9-20 沿海城市城镇单位就业人员情况
Employed Persons in Urban Units by Coastal Cities

单位：万人 (10000 persons)

沿海城市 Coastal City		2016	2017	2018
合　计	**Total**	**5385.0**	**5312.6**	
天　津	**Tianjin**	**286.0**	**269.5**	
河　北	**Hebei**	**172.5**	**148.9**	
唐　山	Tangshan	88.1	76.1	
秦皇岛	Qinhuangdao	32.5	29.3	
沧　州	Cangzhou	51.9	43.5	
辽　宁	**Liaoning**	**251.7**	**228.1**	
大　连	Dalian	107.8	97.3	
丹　东	Dandong	23.0	19.7	
锦　州	Jinzhou	29.3	24.1	
营　口	Yingkou	25.7	25.2	
盘　锦	Panjin	44.2	41.7	
葫芦岛	Huludao	21.7	20.1	
上　海	**Shanghai**	**627.8**	**632.3**	
江　苏	**Jiangsu**	**340.2**	**338.8**	
南　通	Nantong	205.3	209.7	
连云港	Lianyungang	47.5	45.7	
盐　城	Yancheng	87.4	83.4	
浙　江	**Zhejiang**	**905.0**	**886.3**	
杭　州	Hangzhou	290.1	287.0	
宁　波	Ningbo	151.9	161.3	
温　州	Wenzhou	104.6	119.1	
嘉　兴	Jiaxing	80.5	79.1	
绍　兴	Shaoxing	136.8	120.2	
舟　山	Zhoushan	47.0	18.4	
台　州	Taizhou	94.1	101.2	
福　建	**Fujian**	**585.1**	**587.2**	**618.6**
福　州	Fuzhou	156.8	158.8	174.2
厦　门	Xiamen	139.2	146.0	155.6

注：数据来源于《2018中国省市经济发展年鉴》和各省（自治区、直辖市）统计年鉴；
各沿海地区数据为沿海城市合计数。

Note: The data come from the *China Provinces and Cities Economic Development Yearbook 2018* and the statistical yearbooks of provinces, autonomous regions and municipalities directly under the Central Government. The data for coastal regions are the total of coastal cities.

沿海城市 Coastal City		2016	2017	2018
莆 田	Putian	52.0	54.1	56.4
泉 州	Quanzhou	149.6	139.9	144.7
漳 州	Zhangzhou	56.0	56.7	60.6
宁 德	Ningde	31.5	31.7	27.0
山 东	**Shandong**	**518.2**	**505.6**	**489.3**
青 岛	Qingdao	145.4	145.9	144.9
东 营	Dongying	43.2	40.0	37.4
烟 台	Yantai	103.5	99.8	95.4
潍 坊	Weifang	85.7	83.9	87.0
威 海	Weihai	58.7	57.5	51.3
日 照	Rizhao	31.1	31.6	30.2
滨 州	Binzhou	50.6	46.9	43.1
广 东	**Guangdong**	**1588.0**	**1605.4**	**1638.0**
广 州	Guangzhou	325.2	329.2	348.7
深 圳	Shenzhen	456.2	463.8	486.5
珠 海	Zhuhai	73.1	76.2	77.6
汕 头	Shantou	57.5	59.6	59.0
江 门	Jiangmen	59.5	56.7	64.3
湛 江	Zhanjiang	52.3	50.9	53.5
茂 名	Maoming	46.5	49.4	46.3
惠 州	Huizhou	96.1	98.8	95.1
汕 尾	Shanwei	23.8	20.4	19.8
阳 江	Yangjiang	24.2	23.7	20.1
东 莞	Dongguan	231.2	242.4	242.4
中 山	Zhongshan	80.9	77.9	76.3
潮 州	Chaozhou	20.2	18.5	17.9
揭 阳	Jieyang	41.3	37.9	30.4
广 西	**Guangxi**	**46.0**	**44.4**	**40.4**
北 海	Beihai	14.5	14.4	13.6
防城港	Fangchenggang	9.7	9.3	7.8
钦 州	Qinzhou	21.8	20.7	19.1
海 南	**Hainan**	**64.5**	**66.1**	
海 口	Haikou	51.4	52.2	
三 亚	Sanya	13.1	13.9	

主要统计指标解释

1. 国内生产总值（GDP） 指一个国家所有常住单位在一定时期内生产活动的最终成果。国内生产总值有三种表现形态，即价值形态、收入形态和产品形态。从价值形态看，它是所有常住单位在一定时期内生产的全部货物和服务价值与同期投入的全部非固定资产货物和服务价值的差额，即所有常住单位的增加值之和；从收入形态看，它是所有常住单位在一定时期内创造的各项收入之和，包括劳动者报酬、生产税净额、固定资产折旧和营业盈余；从产品形态看，它是所有常住单位在一定时期内最终使用的货物和服务价值与货物和服务净出口价值之和。在实际核算中，国内生产总值有三种计算方法，即生产法、收入法和支出法。三种方法分别从不同的方面反映国内生产总值及其构成。

对于一个地区来说，称为地区生产总值或地区 GDP。

2. 三次产业 三次产业的划分是世界上较为常用的产业结构分类，但各国的划分不尽一致。根据《国民经济行业分类》（GB/T 4754—2011）和《三次产业划分规定》，我国的三次产业划分是：

第一产业是指农、林、牧、渔业（不含农、林、牧、渔服务业）。

第二产业是指采矿业（不含开采辅助活动），制造业（不含金属制品、机械和设备修理业），电力、热力、燃气及水生产和供应业，建筑业。

第三产业即服务业，是指除第一产业、第二产业以外的其他行业。

3. 增加值 是指各行各业生产经营和劳务活动的最终成果，采用生产法和收入法两种方法计算。

生产法是从货物和服务活动在生产过程中形成的总产品入手，剔除生产过程中投入的中间产品价值，得到新增价值的方法。

收入法又称分配法。按收入法计算国内生产总值是从生产过程创造的收入的角度对常住单位的生产活动成果进行核算；按照此法计算，增加值由劳动者报酬、固定资产折旧、生产税净额和营业盈余四个部分组成。

4. 财政收入 指国家财政参与社会产品分配所取得的收入，是实现国家职能的财力保证。财政收入所包括的内容几经变化，目前主要包括：

（1）各项税收 包括增值税、营业税、消费税、土地增值税、城市维护建设税、资源税、城市土地使用税、企业所得税、个人所得税、关税、证券交易印花税、车辆购置税、农牧业税和耕地占用税等；

（2）专项收入 包括排污费收入、城市水资源费收入、矿产资源补偿费收入、教育费附加收入等；

（3）其他收入 包括利息收入、基本建设贷款归还收入、基本建设收入、捐赠收入等；

（4）国有企业亏损补贴 此项为负收入，冲减财政收入。主要包括对工业企业、商业企业、粮食企业的补贴。

5. 财政支出 国家财政将筹集起来的资金进行分配使用，以满足经济建设和各项事业的需要。

6. 普通高等学校 指通过国家普通高等教育招生考试，招收高中毕业生为主要培养对象，实施高等学历教育的全日制大学、独立设置的学院、独立学院和高等专科学校、高等职业学校及其他普通高教机构。

大学、独立设置的学院主要实施本科及本科层次以上的教育。独立学院主要实施本科层次的教育。高等专科学校、高等职业学校实施专科层次的教育。其他普通高教机构是指承担国家普通招生计划任务不计校数的机构，包括普通高等学校分校、大专班等。

7. 医疗卫生机构　指从卫生(卫生计生)行政部门取得《医疗机构执业许可证》《中医诊所备案证》和《计划生育技术服务许可证》，或从民政、工商行政、机构编制管理部门取得法人单位登记证书，为社会提供医疗服务、公共卫生服务或从事医学科研和医学在职培训等工作的单位。医疗卫生机构包括医院、基层医疗卫生机构、专业公共卫生机构和其他医疗卫生机构。

8. 供水总量　指各种水源为用水户提供的包括输水损失在内的毛水量。

9. 全社会固定资产投资　是以货币形式表现的在一定时期内全社会建造和购置固定资产的工作量以及与此有关费用的总称。该指标是反映固定资产投资规模、结构和发展速度的综合性指标。全社会固定资产投资按登记注册类型可分为国有、集体、联营、股份制、私营和个体、港澳台商、外商、其他等。

10. 固定资产投资（不含农户）　指城镇和农村各种登记注册类型的企业、事业、行政单位及城镇个体户进行的计划总投资 500 万元及以上的建设项目投资和房地产开发投资，包括原口径的城镇固定资产投资加上农村企事业组织项目投资，该口径自 2011 年起开始使用。

11. 货物进出口总额　指实际进出我国关境的货物总金额。包括对外贸易实际进出口货物，来料加工装配进出口货物，国家间、联合国及国际组织无偿援助物资和赠送品，华侨、港澳台同胞和外籍华人捐赠品，租赁期满归承租人所有的租赁货物，进料加工进出口货物，边境地方贸易及边境地区小额贸易进出口货物，中外合资企业、中外合作经营企业、外商独资经营企业进出口货物和公用物品，到、离岸价格在规定限额以上的进出口货样和广告品(无商业价值、无使用价值和免费提供出口的除外)，从保税仓库提取在中国境内销售的进口货物以及其他进出口货物。该指标可以观察一个国家在货物贸易方面的总规模。我国规定出口货物按离岸价格统计，进口货物按到岸价格统计。

12. 商品收发货人所在地进、出口额　指在所在地海关注册登记的有进出口经营权的企业实际进、出口额。

13. 人口数　指一定时点、一定地区范围内有生命的个人总和。

年度统计的年末人口数指每年 12 月 31 日 24 时的人口数。年度统计的全国人口总数内未包括香港、澳门特别行政区和台湾省以及海外华侨人数。

14. 就业人员　指在 16 周岁及以上，从事一定社会劳动并取得劳动报酬或经营收入的人员。这一指标反映了一定时期内全部劳动力资源的实际利用情况，是研究我国基本国情国力的重要指标。

Explanatory Notes on Main Statistical Indicators

1. Gross Domestic Product (GDP) refers to the final products produced by all resident units in a country during a certain period of time. Gross domestic product is expressed in three different perspectives, namely value, income, and products respectively. GDP in its value perspective refers to the balance of total value of all goods and services produced by all resident units during a certain period of time, minus the total value of input of goods and services of the nature of non-fixed assets; in other words, it is the sum of the value-added of all resident units. GDP from the perspective of income refers to the sum of all kinds of revenue, including compensation of employees, net taxes on production, depreciation of fixed assets, and operating surplus. GDP from the perspective of products refers to the value of all goods and services for final demand by all resident units plus the net exports of goods and services during a given period of time. In the practice of national accounting, gross domestic product is calculated by three approaches, namely production approach, income approach and expenditure approach, which reflect gross domestic product and its composition from different angles.

For a region, it is called as gross regional product(GRP) or regional GDP.

2. Three Industries Classification of economic activities into three strata of industry is a common practice in the world, although the grouping varies to some extent from country to country. In China, according to Industrial Classification for National Economic Activities (GB/T 4754—2011) and Dividing Basis of Three Industries, economic activities are categorized into the following three strata of industry:

Primary industry refers to agriculture, forestry, animal husbandry and fishery industries (not including services in support of agriculture, forestry, animal husbandry and fishery industries).

Secondary industry refers to mining and quarrying(not including support activities for mining), manufacturing(not including repair service of metal products, machinery and equipment), production and supply of electricity, heat, gas and water, and construction.

Tertiary industry refers to all other economic activities not included in the primary or secondary industries.

3. Added Value refers to the final result of production, operation and labor activities of all trades and professions, which is calculated by using the production and income methods.

Production Method: refers to the method whereby to get the newly added value by proceeding from the gross product of goods and service activities occurring in the course of production and then rejecting the value of intermediate product input in the course of production.

Income Method: is also called the distribution method. The calculation of the gross domestic product (GDP) by the income method is the accounting of the result of productive activities of permanent units from the angle of the income created in the course of production. According to this method, the added value is composed of the payment for laborers, depreciation of fixed assets, net tax on production and business surplus.

4. Government Revenue refers to the income obtained by the government finance through participating in the distribution of social products. It is the financial guarantee to ensure government functioning. The contents of government revenue have changed several times. Now it includes the following main items:

(1) Various tax revenues, including value added tax, business tax, consumption tax, land value-added tax, tax on city maintenance and construction, resources tax, tax on use of urban land, enterprise income tax, personal income tax, tariff, stamp tax on security transactions, tax on purchase of motor vehicles, tax on agriculture and animal husbandry and tax on occupancy of cultivated land, etc.

(2) Special revenues, including revenues from the fee on sewage treatment, fee on urban water resources, fee for the compensation of mineral resources and extra-charges for education, etc.

(3) Other revenues, including revenues from interest, repayment of capital construction loan, capital construction projects and donations and grants.

(4) Subsidies for the losses of state-owned enterprises. This is an item of negative revenue, counteracting government revenues and consisting of subsidies to industrial, commercial and grain purchasing and supply enterprises.

5. Government Expenditure　refers to the distribution and use of the funds which the government finance has raised, so as to meet the needs of economic construction and various causes.

6. Regular Higher Education Institutions　refer to educational establishments recruiting graduates from senior secondary schools as the main target through National Matriculation TEST. They include full-time universities, independently established schools, independent colleges, higher professional colleges, higher vocational colleges and other regular higher education institutions.

Universities and independently established schools primarily provide normal courses at undergraduate and higher levels. Independent colleges mainly provide normal undergraduate courses. Higher professional colleges and higher vocational colleges primarily provide undergraduate of short-cycle courses. Other regular higher education institutions refer to educational establishments, which are responsible for enrolling higher education students under the State Plan but not enumerated in the total number of schools, including: branch schools of regular higher education institutions and junior colleges.

7. Health Care Institutions　refer to the units which have been qualified with the Certification of Health Care Institution, filing certificate of traditional Chinese medicine clinic, certification of family planning technical service by the administration of health (family planning), or qualified with the Certification of Corporate Unit by the civil affairs, administration for industry and commerce, and engaging in medical care services, public health services, or medicine research and on-job training, etc., including: hospitals, health care institutions at grass-root level, specialized public health institutions, and other health care institutions.

8. Water Supply　refers to gross water of various sources supplied to consumers, including losses during distribution.

9. Total Investment in Fixed Assets in the Whole Country　refers to the volume of activities in construction and purchases of fixed assets of the whole country and related fees, expressed in monetary terms during the reference period. It is a comprehensive indicator which shows the size, structure and growth of the investment in fixed assets, providing a basis for observing the progress of construction projects and evaluating results of investment. Total investment in fixed assets in the whole country by registration status includes: the investment by state-owned units, collective-owned units, joint ownership units, share-holding units, private units, individuals as well as investments by entrepreneurs from Hong Kong, Macao and Taiwan, foreign investors and others.

10. Investment in Fixed Assets (Excluding Rural Households) refers to the investment in construction projects with a total planned investment of 5 million yuan and above，carried out by enterprises of various ownerships, institutions, administrative units in both urban and rural areas, urban self-employed individuals, as well as investment in real estate development. Since 2011, it covers the urban investment in fixed assets under the previous statistical coverage and the investments by rural enterprises and institutions.

11. Total Import and Export of Goods refers to the real value of commodities imported and exported across the border of China. They include the actual imports and exports through foreign trade, imported and exported goods under the processing and assembling trades and materials, supplies and gifts as aid given gratis between governments and by the United Nations and other international organizations, and contributions donated by overseas Chinese, compatriots in Hong Kong and Macao and Chinese with foreign citizenship, leasing commodities owned by tenant at the expiration of leasing period, the imported and exported commodities processed with imported materials, commodities trading in border areas, the imported and exported commodities and articles for public use of the Sino-foreign joint ventures, cooperative enterprises and ventures with sole foreign investment. Also included import or export of samples and advertising goods for which CIF or FOB value are beyond the permitted ceiling (excluding goods of no trading or use value and free commodities for export), imported goods sold in China from bonded warehouses and other imported or exported goods. The indicator of the total imports and exports at customs can be used to observe the total size of external trade in a country. In accordance with the stipulation of the Chinese government, imports are calculated at CIF, while exports are calculated at FOB.

12. Import or Export Value by Location of China's Foreign Trade Managing Units refers to actual value of imports and exports carried out by corporations which have been registered by the local Customs house and are vested with right to run import export business.

13. Total Population refers to the total number of people alive at a certain point of time within a given area.

The annual statistics on total population is taken at midnight, the 31st of December, not including residents in Taiwan Province, Hong Kong and Macao and overseas Chinese.

14. Employed Persons refer to persons aged 16 and above who are engaged in gainful employment and thus receive remuneration payment or earn business income. This indicator reflects the actual utilization of total labour force during a certain period of time and is often used for the research on China's economic situation and national power.

10

世界海洋经济统计资料（部分）
World's Marine Economic Statistics Data (Part)

10-1 世界海洋面积（2010年）
World Ocean Area (2010)

区 域 Region	海洋面积 （平方千米） Ocean Area (km^2)	占世界海洋面积的比重（%） Proportion in the World Ocean Area (%)	占地球表面面积的比重（%） Proportion in the Earth's Surface Area (%)
合 计 **Total**	**361000000**	**100.0**	**70.8**
太平洋 Pacific Ocean	178334000	49.4	35.0
大西洋 Atlantic Ocean	91694000	25.4	18.0
印度洋 Indian Ocean	76171000	21.1	14.9
北冰洋 Arctic Ocean	14801000	4.1	2.9

注：数据来源于《2011国际统计年鉴》。

Note: The data come from *International Statistical Yearbook 2011* .

10-2 主要沿海国家（地区）国土面积和人口（2019年）
Surface Area and Population of
Major Coastal Countries (Areas) (2019)

国家或地区 Country or Area	国土面积（万平方千米） Area of Territory (10000 km²)	年中人口（万人） Mid-year Population (10000 persons)	人口密度（人/平方千米） Population Density (persons per km²)
世界 **World**	**13202.5**	**767353.0**	**60.0**
中国 China	960.0	139772.0	148.0
文莱 Brunei Darsm	0.6	43.0	81.0
柬埔寨 Cambodia	18.1	1649.0	92.0
印度 India	298.0	136642.0	455.0
印度尼西亚 Indonesia	191.4	27063.0	148.0
日本 Japan	37.8	12626.0	347.0
韩国 Korea, Rep.	10.0	5171.0	529.0
马来西亚 Malaysia	33.0	3195.0	96.0
缅甸 Myanmar	67.7	5405.0	82.0
菲律宾 Philippines	30.0	10812.0	358.0
新加坡 Singapore	0.1	570.0	7953.0
泰国 Thailand	51.3	6963.0	136.0
越南 Viet Nam	33.1	9646.0	308.0
埃及 Egypt	100.2	10039.0	99.0
南非 South Africa	121.9	5856.0	48.0
加拿大 Canada	998.5	3759.0	4.0
墨西哥 Mexico	196.4	12758.0	65.0
美国 United States	983.2	32824.0	36.0
阿根廷 Argentina	278.0	4494.0	16.0
巴西 Brazil	851.6	21105.0	25.0
法国 France	54.9	6706.0	122.0
德国 Germany	35.8	8313.0	237.0
意大利 Italy	30.1	6030.0	205.0
俄罗斯 Russia	1709.8	14437.0	9.0
西班牙 Spain	50.6	4708.0	94.0
土耳其 Turkey	78.5	8343.0	107.0
乌克兰 Ukraine	60.4	4439.0	77.0
英国 United Kingdom	24.4	6683.0	275.0
澳大利亚 Australia	774.1	2536.0	3.0
新西兰 New Zealand	26.8	492.0	18.0

注：数据来源于世界银行WDI数据库。

Note: The data come from *World Bank WDI Database.*

10-3 主要沿海国家（地区）国内生产总值（2019年）
Gross Domestic Product of Major Coastal Countries (Areas) (2019)

国家或地区 Country or Area	国内生产总值 （亿美元） GDP (100 million USD)	人均国内生产总值 （美元） GDP per Captia (current USD)	国内生产总值增长率 （%） Growth Rate of GDP (%)
世界 **World**	**877515**	**11436**	**2.5**
中国 China	143429	10262	6.1
中国香港 Hong Kong, China	3657	48713	-1.2
文莱 Brunei Darsm	135	31087	3.9
柬埔寨 Cambodia	271	1643	7.1
印度 India	28751	2104	5.0
印度尼西亚 Indonesia	11192	4136	5.0
日本 Japan	50818	40247	0.7
韩国 Korea, Rep.	16424	31762	2.0
马来西亚 Malaysia	3647	11415	4.3
菲律宾 Philippines	3768	3485	6.0
新加坡 Singapore	3721	65233	0.7
泰国 Thailand	5437	7808	2.4
越南 Viet Nam	2619	2715	7.0
埃及 Egypt	3032	3020	5.6
南非 South Africa	3514	6001	0.2
加拿大 Canada	17364	46195	1.7
墨西哥 Mexico	12583	9863	−0.1
美国 United States	214277	65281	2.3
阿根廷 Argentina	4497	10006	−2.2
巴西 Brazil	18398	8717	1.1
法国 France	27155	40494	1.5
德国 Germany	38456	46259	0.6
意大利 Italy	20012	33190	0.3
荷兰 Netherlands	9091	52448	1.8
波兰 Poland	5922	15595	4.1
俄罗斯 Russia	16999	11585	1.3
西班牙 Spain	13941	29614	2.0
土耳其 Turkey	7544	9042	0.9
乌克兰 Ukraine	1538	3659	3.2
英国 United Kingdom	28271	42300	1.4
澳大利亚 Australia	13927	54907	1.9
新西兰 New Zealand	2069	42084	2.2

注：数据来源于世界银行WDI数据库。

Note: The data come from *World Bank WDI Database*.

10-4 主要沿海国家（地区）国内生产总值
产业构成（2019年）
Industrial Composition of GDP of Major Coastal Countries (Areas)
by Industry (2019)

单位：%   (%)

国家或地区 Country or Area	国内生产总值产业构成（%） Industrial Structure of GDP (%)		
	第一产业 Primary Industry	第二产业 Secondary Industry	第三产业 Tertiary Industry
世界 **World**	**4.0** [1]	**27.8** [1]	**61.2** [1]
中国 China	7.1	39.0	53.9
中国香港 Hong Kong, China	0.1 [1]	6.5 [1]	88.6 [1]
文莱 Brunei Darsm	1.0	62.5	38.2
柬埔寨 Cambodia	20.7	34.2	38.8
印度 India	16.0	24.9	49.9
印度尼西亚 Indonesia	12.7	38.9	44.2
日本 Japan	1.2 [1]	29.1 [1]	69.3 [1]
韩国 Korea, Rep.	1.7	33.0	56.8
马来西亚 Malaysia	7.3	37.4	54.2
缅甸 Myanmar	21.4 [1]	38.0 [1]	40.7 [1]
菲律宾 Philippines	8.8	30.2	61.0
新加坡 Singapore		24.5	70.4
斯里兰卡 Sri Lanka	7.4	27.4	58.2
泰国 Thailand	8.0	33.4	58.6
越南 Viet Nam	14.0	34.5	41.6

注：①2018年数据；②2017年数据；③2016年数据；
数据来源于世界银行WDI数据库。

Notes: ①Data for 2018. ②Data for 2017. ③Data for 2016.
The data come from *World Bank WDI Database*.

10-4 续表 continued

国家或地区 Country or Area	国内生产总值产业构成（%） Industrial Structure of GDP (%)		
	第一产业 Primary Industry	第二产业 Secondary Industry	第三产业 Tertiary Industry
埃及 Egypt	11.0	35.6	50.5
南非 South Africa	1.9	26.0	61.2
加拿大 Canada	1.9 ③	23.3 ③	68.0 ③
墨西哥 Mexico	3.5	30.1	60.5
美国 United States	0.9 ②	18.2 ②	77.4 ②
阿根廷 Argentina	7.2	23.1	53.6
巴西 Brazil	4.4	17.9	63.3
法国 France	1.6	17.1	70.2
德国 Germany	0.8	26.8	62.4
意大利 Italy	1.9	21.4	66.3
荷兰 Netherlands	1.7	17.8	69.8
俄罗斯 Russia	3.4	32.2	54.0
西班牙 Spain	2.7	20.2	67.9
土耳其 Turkey	6.4	27.7	55.9
乌克兰 Ukraine	9.0	22.6	54.4
英国 United Kingdom	0.6	17.4	71.3
澳大利亚 Australia	2.1	25.2	66.2
新西兰 New Zealand	5.8 ②	20.4 ②	65.2 ②

10-5 主要沿海国家（地区）就业人数
Employment in the Major Coastal Countries (Areas)

单位：万人 (10000 persons)

国家或地区 Country or Area	2000	2005	2010	2017	2018	2019
中国 China	72085	74647	76105	77640	77586	77471
中国香港 Hong Kong, China			347			
印度 India	32704	36328	36967		36057	
印度尼西亚 Indonesia	8984	9396	10781	12278	12554	
以色列 Israel	246	274	318	381	391	
日本 Japan	6446	6356	6298	6530	6664	6724
韩国 Korea, Rep.	2116	2283	2403	2687	2692	2723
马来西亚 Malaysia			1129	1448	1478	1507
菲律宾 Philippines		3231	3603	4033	4116	4243
新加坡 Singapore		165	306	218	220	223
斯里兰卡 Sri Lanka			770	821	802	
泰国 Thailand			3804	3746	3786	3761
越南 Viet Nam			4949	5370	5425	5057
埃及 Egypt			2383	2605	2606	
南非 South Africa	1036	1088	1394	1636	1661	
加拿大 Canada	1476	1612	1696	1842	1866	
墨西哥 Mexico	3759	4208	4612	5234	5372	5499
美国 United States	13689	14173	13906	15334	15576	15754
阿根廷 Argentina		953	1513	1157	1174	1204
巴西 Brazil		8323		8944	9076	9260
委内瑞拉 Venezuela		1040	1201			
法国 France	2312	2498	2573	2683	2706	2718
德国 Germany	3632	3636	3799	4166	4191	4240
意大利 Italy	2093	2241	2253	2302	2321	2336
荷兰 Netherlands	786	783	829	860	880	898
波兰 Poland	1452	1412	1547	1642	1648	1646
俄罗斯 Russia	6507	6834	6993	7232	7253	7193
西班牙 Spain	1544	1921	1872	1882	1933	1978
土耳其 Turkey	2158	2007	2259	2820	2873	2808
乌克兰 Ukraine			2027	1616	1636	
英国 United Kingdom	2726	2874	2912	3197	3235	3269
澳大利亚 Australia	890	988	1099	1228	1260	
新西兰 New Zealand	180	208	218	257	264	

注：数据来源于联合国ILO数据库。

Note: The data come from *ILO Database*.

10-6 主要沿海国家（地区）鱼类产量（2018年）
Fish Yields of Major Coastal Countries (Areas) (2018)

单位：万吨 (10000 t)

国家或地区 Country or Area	鱼类产量 Output of Total Fishes	海域鱼类产量 Ocean Area
中国 China	3742.7	1051.4
印度 India	1080.2	291.6
印度尼西亚 Indonesia	1067.8	669.2
缅甸 Myanmar	310.8	111.6
俄罗斯 Russia	502.8	459.5
美国 United States	415.0	394.1
越南 Viet Nam	589.7	298.1
日本 Japan	286.9	282.6
孟加拉国 Bangladesh	401.8	73.8
菲律宾 Philippines	256.0	213.2
泰国 Thailand	183.2	124.9
马来西亚 Malaysia	138.7	128.1
巴西 Brazil	117.5	42.7
墨西哥 Mexico	142.0	113.2
埃及 Egypt	190.4	35.2
韩国 Korea, Rep.	113.6	110.8
西班牙 Spain	93.2	91.7
尼日利亚 Nigeria	110.3	42.0
南非 South Africa	54.5	54.2
英国 United Kingdom	74.9	73.7
柬埔寨 Cambodia	89.6	12.3
土耳其 Turkey	56.0	42.8
阿根廷 Argentina	44.6	42.2
加拿大 Canada	59.9	54.5
斯里兰卡 Sri Lanka	48.9	37.9
新西兰 New Zealand	39.1	38.9
法国 France	49.0	45.4

注：数据来源于联合国FAO数据库。

Note: The data come from *FAO Database*.

10-7 国家保护区面积和鱼类濒危物种（2018年）
Area of National Nature Reserves and
Endangered Species of Fish (2018)

国家或地区 Country or Area	国家保护区 National Protected		鱼类濒危物种（种） Endangered Species of Fish (number)
	陆地保护区面积 占陆地面积比重 Terrestrial Protected Areas (% of Total Land Area)	海洋保护区面积 占领海面积比重 Marine Protected Areas (% of Territorial Waters)	
中国　China	15.5	5.4	136
中国香港　Hong Kong, China	41.9		15
中国澳门　Macao, China			9
孟加拉国　Bangladesh	4.6	5.4	29
文莱　Brunei Darsm	46.9	0.2	14
柬埔寨　Cambodia	26.0	0.2	48
印度　India	6.0	0.2	227
印度尼西亚　Indonesia	12.2	3.1	166
伊朗　Iran	8.6	0.8	47
以色列　Israel	20.0		50
日本　Japan	29.4	8.2	77
哈萨克斯坦　Kazakhstan	3.3	1.1	14
韩国　Korea, Rep.	11.7	1.6	28
马来西亚　Malaysia	19.1	1.6	87
缅甸　Myanmar	6.4	2.3	53
巴基斯坦　Pakistan	12.3	0.8	46
菲律宾　Philippines	15.3	1.2	91
新加坡　Singapore	5.6		29
斯里兰卡　Sri Lanka	29.9	0.1	57

注：数据来源于世界银行WDI数据库。

Note: The data come from *World Bank WDI Database*.

国家或地区 Country or Area	国家保护区 National Protected		鱼类濒危物种（种） Endangered Species of Fish (number)
	陆地保护区面积 占陆地面积比重 Terrestrial Protected Areas (% of Total Land Area)	海洋保护区面积 占领海面积比重 Marine Protected Areas (% of Territorial Waters)	
泰国 Thailand	18.8	1.9	106
越南 Viet Nam	7.6	0.6	83
埃及 Egypt	13.1	5.0	58
尼日利亚 Nigeria	13.9		74
南非 South Africa	8.0	12.1	121
加拿大 Canada	9.7	0.9	44
墨西哥 Mexico	14.5	21.8	181
美国 United States	13.0	41.1	251
阿根廷 Argentina	8.8	3.8	42
巴西 Brazil	29.4	26.6	93
委内瑞拉 Venezuela	54.1	3.5	45
法国 France	25.8	45.1	53
德国 Germany	37.8	45.4	24
意大利 Italy	21.5	8.8	52
荷兰 Netherlands	11.2	26.7	15
波兰 Poland	39.7	22.6	8
俄罗斯 Russia	9.7	3.0	39
西班牙 Spain	28.1	8.4	83
土耳其 Turkey	0.2	0.1	131
乌克兰 Ukraine	4.0	3.4	24
英国 United Kingdom	28.7	28.9	48
澳大利亚 Australia	19.3	40.6	125
新西兰 New Zealand	32.6	30.4	38

10-8 主要沿海国家（地区）风力发电量
Wind-Power Capacities of Major Coastal Countries (Areas)

单位：百万千瓦·时   (million kW-h)

国家或地区 Country or Area	2010	2011	2013	2014	2015	2016	2017
中国 China	44622	70331	141197	156078	185766	237071	295023
伊朗 Iran			376	358	221	250	306
以色列 Israel	8		6	6	7		180
日本 Japan	3962	7	5201	5038	5160	5951	6490
韩国 Korea, Rep.	817	863	1149	1146	1201	1683	2169
马来西亚 Malaysia							
巴基斯坦 Pakistan				397	1549	2668	1422
菲律宾 Philippines	62	88	66	152	748	975	1094
新加坡 Singapore							
斯里兰卡 Sri Lanka	53	92	236	273	344	345	367
泰国 Thailand	3	3	305	305	329	345	1109
越南 Viet Nam		87	90	300	261	221	270
埃及 Egypt	1498	1525	1332	1315	1345	2058	2200
尼日利亚 Nigeria							
南非 South Africa	32	103	37	1070	2270	3700	5090
加拿大 Canada	9557	10187	11594	22538	26446	30766	28775
墨西哥 Mexico	1239	1648	4185	6426	8745	10378	10442
美国 United States	95148	120854	169713	183892	192992	229471	257249
阿根廷 Argentina	25	26	461	730	599	548	612
巴西 Brazil		2705	6579	12211	21626	33488	42354
委内瑞拉 Venezuela							
法国 France	9969	12052	16033	17249	21249	21400	24711
德国 Germany	37793	48883	51708	57357	79206	78598	105693
意大利 Italy	9126	9856	14897	15178	14844	17689	17742
荷兰 Netherlands	3993	5100	5627	5797	7550	8170	10569
波兰 Poland	1664	3205	6004	7676	10858	12588	14909
俄罗斯 Russia	4	5	5	96	148	148	140
西班牙 Spain	44165	42918	53903	52013	49325	48906	49127
土耳其 Turkey	2916	4723	7557	8520	11652	15517	17903
乌克兰 Ukraine	50	89	639	1130	1084	954	984
英国 United Kingdom	10183	15509	28434	32015	40310	37367	50004
澳大利亚 Australia	4798	5807	7328	10252	11467	12199	12597
新西兰 New Zealand	1634	1952	2020	2214	2356	2303	2141

注：数据来源于联合国ESD数据库。

Note: The data come from *UN ESD Database.*

10-9 主要沿海国家（地区）捕捞产量
Fishing Yields in the Major Coastal Countries (Areas)

单位：吨   (t)

国家或地区 Country or Area	2017	2018
世界总计 **World Total**	**93116137**	**96433763**
中国 China	15373194	14647819
中国台湾 Taiwan, China	751386	814911
秘鲁 Peru	4157414	7169805
印度尼西亚 Indonesia	6736358	7215215
美国 United States	5033950	4744418
印度 India	5531313	5320253
俄罗斯 Russia	4864460	5108854
日本 Japan	3205749	3130925
缅甸 Myanmar	2155440 ①	2033110 ①
智利 Chile	1918958	2122431
越南 Viet Nam	3315207	3347039
菲律宾 Philippines	1887058	2049572
挪威 Norway	2378511	2488979
泰国 Thailand	1500447	1707136
韩国 Korea, Rep.	1353619	1336286
孟加拉国 Bangladesh	1801084	1871225
墨西哥 Mexico	1628669	1692045
马来西亚 Malaysia	1470290	1457621
冰岛 Iceland	1176676	1259293

注：捕捞品种包括鱼类、甲壳类、软体类等水生动物；①为联合国粮农组织估算值；
    数据来源于《渔业和水产养殖统计年鉴2018》，联合国粮农组织。

Note: The fished species include fish, crustacea, mollusc and other aquatic animals.
    ① It is estimated by FAO from available sources of information or calculation.
    The data come from *Fishery and Aquaculture Statistical Yearbook*, FAO, 2018.

国家或地区 Country or Area	2017	2018
西班牙 Spain	950350	925533
摩洛哥 Morocco	1377454	1371717
加拿大 Canada	834839	827727
巴西 Brazil	718180 ①	714292 ①
阿根廷 Argentina	835061	835387
南非 South Africa	523582	559736
尼日利亚 Nigeria	916284	878155
英国 United Kingdom	725981	700227
柬埔寨 Cambodia	665993	689155
伊朗 Iran	782480	828872
丹麦 Denmark	904572	789284
斯里兰卡 Sri Lanka	504472	510208
新西兰 New Zealand	428931	406885
土耳其 Turkey	354320	314095
法国 France	505838	571078
埃及 Egypt	370959	373285
荷兰 Netherlands	500183 ①	411714
委内瑞拉 Venezuela	277598 ①	275384 ①
德国 Germany	248237	279213

10-10 主要沿海国家（地区）水产养殖产量
Aquaculture Production in the Major Coastal Countries (Areas)

单位：吨 (t)

国家或地区 Country or Area	2017	2018
世界总计 **World Total**	79544876	82095054
中国 China	46823949	47559074
中国台湾 Taiwan, China	282186	283201
印度 India	6180000	7066000
越南 Viet Nam	3820960	4134000
印度尼西亚 Indonesia	5507505	5426943
孟加拉国 Bangladesh	2333352	2405416
挪威 Norway	1308485	1354941
泰国 Thailand	893974	890864
智利 Chile	1202948	1266054
埃及 Egypt	1451841	1561457
缅甸 Myanmar	1048692	1130350
菲律宾 Philippines	822466	826060
巴西 Brazil	595000	605000
日本 Japan	615338	642854
韩国 Korea, Rep.	573194	568350
美国 United States	439670	468185
伊朗 Iran	412887	439718
马来西亚 Malaysia	224550	217894
西班牙 Spain	311023	347814
尼日利亚 Nigeria	296191	291323
土耳其 Turkey	273477	311681
法国 France	178150	185150
英国 United Kingdom	222611	197618
加拿大 Canada	191616	191323
俄罗斯 Russia	185027	199505
墨西哥 Mexico	243283	247192

注：养殖品种包括鱼类、甲壳类、软体类等水生动物；
  数据来源于《渔业和水产养殖统计年鉴2018》，联合国粮农组织。

Note: The cultivated varieties include fish, crustacea, mollusc and other aquatic animals.
  The data come from *Fishery and Aquaculture Statistical Yearbook,* FAO, 2018.

10-11 主要沿海国家（地区）石油主要指标（2019年）
Main Oil Indicators of Major Coastal Countries (Areas) (2019)

国家或地区 Country or Area	原油探明储量（亿桶） Crude Oil Proved Reserves (100 million Barrels)	石油存量（万桶）[①] Total Petroleum Stocks (10000 Barrels)
中国 China	259	
孟加拉国 Bangladesh		
文莱 Brunei Darsm		
印度 India	44	
印度尼西亚 Indonesia	32	
伊朗 Iran	1556	
以色列 Israel		
日本 Japan		58066
韩国 Korea, Rep.		19677
马来西亚 Malaysia	36	
缅甸 Myanmar		
巴基斯坦 Pakistan		
菲律宾 Philippines		
泰国 Thailand		
越南 Viet Nam	44	
埃及 Egypt	33	
尼日利亚 Nigeria	362	
南非 South Africa		
加拿大 Canada	1674	19312
墨西哥 Mexico	64	5300
美国 United States	471	182704
阿根廷 Argentina		
巴西 Brazil	128	
委内瑞拉 Venezuela	3028	
法国 France		16782
德国 Germany		28420
意大利 Italy		11855
荷兰 Netherlands		12300
波兰 Poland		6000
俄罗斯 Russia	800	
西班牙 Spain		12100
土耳其 Turkey		6200
乌克兰 Ukraine		
英国 United Kingdom	25	7821
澳大利亚 Australia		3600
新西兰 New Zealand		830

注：①2014年数据；
数据来源于美国能源署。

Note: ①Data refer to 2014.
The data come from U. S. Energy Information Administration.

10-12 万美元国内生产总值能耗（2017年不变价，PPP）
Energy Use per Ten Thousand USD of GDP (Constant 2017 PPP)

单位：吨标准油/万美元

国家或地区 Country or Area	2000	2005	2010	2013	2014	2015
世界 **World**	**1.44**	**1.38**	**1.31**	**1.24**	**1.21**	
中国 China	2.60	2.61	2.20	1.99	1.88	
中国香港 Hong Kong, China	0.56	0.42	0.38	0.35	0.35	
孟加拉国 Bangladesh	0.74	0.72	0.72	0.66	0.65	
文莱 Brunei Darsm	1.04	0.87	1.23	1.13	1.35	
柬埔寨 Cambodia	1.88	1.22	1.36	1.24	1.24	
印度 India	1.62	1.39	1.33	1.26	1.25	
印度尼西亚 Indonesia	1.29	1.19	1.06	0.91	0.90	
伊朗 Iran	1.86	2.06	2.01	2.29	2.35	
以色列 Israel	0.92	0.85	0.87	0.78	0.74	0.74
日本 Japan	1.15	1.09	1.04	0.92	0.89	0.86
韩国 Korea, Rep.	1.74	1.52	1.47	1.41	1.39	1.39
马来西亚 Malaysia	1.32	1.41	1.27	1.30	1.26	
巴基斯坦 Pakistan	1.39	1.29	1.21	1.14	1.10	
菲律宾 Philippines	1.15	0.89	0.73	0.68	0.68	
新加坡 Singapore	0.83	0.75	0.64	0.57	0.58	
斯里兰卡 Sri Lanka	0.75	0.66	0.53	0.44	0.45	
泰国 Thailand	1.17	1.23	1.22	1.26	1.24	
越南 Viet Nam	1.22	1.25	1.32	1.14		
埃及 Egypt	0.76	0.97	0.85	0.82	0.80	
尼日利亚 Nigeria	2.36	1.90	1.53	1.46	1.38	
南非 South Africa	2.40	2.34	2.22	2.03	2.09	
加拿大 Canada	2.21	1.99	1.73	1.65	1.65	1.60
墨西哥 Mexico	0.85	0.95	0.86	0.87	0.83	0.80
美国 United States	1.60	1.44	1.32	1.23	1.21	1.16
巴西 Brazil	0.92	0.92	0.91	0.92	0.95	
法国 France	1.04	1.02	0.95	0.89	0.85	0.85
德国 Germany	0.96	0.93	0.85	0.79	0.74	0.75
意大利 Italy	0.70	0.72	0.68	0.64	0.60	0.61
荷兰 Netherlands	0.99	1.00	0.96	0.89	0.82	0.80
波兰 Poland	1.43	1.27	1.10	0.99	0.92	0.89
俄罗斯 Russia	2.89	2.26	2.01	1.92	1.86	
西班牙 Spain	0.86	0.85	0.73	0.71	0.68	0.69
土耳其 Turkey	0.78	0.68	0.74	0.64	0.63	0.63
乌克兰 Ukraine	3.77	2.77	2.45	2.03	1.98	
英国 United Kingdom	0.99	0.86	0.77	0.69	0.63	0.62
澳大利亚 Australia	1.46	1.31	1.28	1.16	1.12	1.14
新西兰 New Zealand	1.37	1.12	1.14	1.12	1.15	1.10

注：数据来源于世界银行WDI数据库。

Note: The data come from *World Bank WDI Database*.

10-13 主要沿海国家（地区）国际海运装货量和卸货量
International Maritime Freight Loaded and Unloaded in the Major Coastal Countries (Areas)

单位：万吨 (10000 t)

国家或地区 Country or Area	国际海运装货量 International Ocean Shipping Loading Capacity			国际海运卸货量 International Ocean Shipping Unloading Capacity		
	2000	2010	2019	2000	2010	2019
中国香港 Hong Kong, China	6770	11346	9239	10693	15428	17093
孟加拉国 Bangladesh	89	466	710	1408	3860	9920
文莱 Brunei Darsm	10		139	102		1744
印度尼西亚 Indonesia	14153	50118		4504	11254	
伊朗 Iran	3065	5942	8155	4486	7804	5639
以色列 Israel	1387	1927	2054 ①	2920	2414	1961
日本 Japan	13010			80654		
韩国 Korea, Rep.	15078			41882		
马来西亚 Malaysia	5483	11240		6922	13682	
巴基斯坦 Pakistan	617	1950		3080	4870	
新加坡 Singapore	32618					
斯里兰卡 Sri Lanka	919					
南非 South Africa	2598					
美国 United States	34334			83352		
阿根廷 Argentina	1550				2374	
法国 France	6810	10421	11116 ①	20273	20746	20764 ①
德国 Germany	8602	10230	11566 ①	14725	17070	17525 ①
荷兰 Netherlands	9940			32507		
波兰 Poland	3152	3017	2989	1582	2838	6190
俄罗斯 Russia	828	20152	4409	84	2353	217
西班牙 Spain	5627			19343		
乌克兰 Ukraine	4271	8371		684	1744	
澳大利亚 Australia	48750	88736	151106	5418	8896	9817
新西兰 New Zealand	2214	3040	4358	1379	1798	2458

注： ①2017年数据；
数据来源于联合国统计月报数据库。

Note: ①Data refer to 2017.
The data come from *UN Monthly Bulletin of Statistics Database.*

10-14 世界主要外贸货物海运量及构成（2018年）
World Major Maritime Freight Traffic in Foreign Trade (2018)

品　种 Sort	海运量（百万吨） Freight Traffic (million tons)	
	2018	所占比例（%） Percentage
合　计 **Total**	**11892**	**100.0**
原　油 Crude Oil	2038	17.1
成品油 Refined Oil	1079	9.1
燃　气 Fuel gas	418	3.5
铁矿石 Ironstone	1470	12.4
煤　炭 Coal	1240	10.4
谷　物 Corn	486	4.1
其他货物 Others	5161	43.4

注：数据为估计数；
　　数据来源于《航运统计与市场评论》，2019年1月/2月，航运经济与物流研究所。
Note: The data are estimated data.
　　The data come from *Shipping Statistics and Market Review*, January/Feburary 2019, ISL.

10-15 主要沿海国家（地区）国际旅游人数
Number of International Tourists of
Major Coastal Countries (Areas)

单位：万人 (10000 persons)

国家或地区 Country or Area	入境（过夜）旅游人数 Number of Inbound Tourists (Overnight)			出境旅游人数 Number of Outbound Tourists		
	2000	2010	2018	2000	2010	2018
世界总计 World Total	68965	97377	144195	73338	107342	156356
中国 China	3123	5566	6290	1047	5739	14972
中国香港 Hong Kong, China	881	2009	2926	5890	8444	9221
中国澳门 Macao, China	520	1193	1849	14	75	158
孟加拉国 Bangladesh	20	30		113	191	
文莱 Brunei Darsm	98	21	28			
柬埔寨 Cambodia	47	251	620	4	51	200
印度 India	265	578	1742	442	1299	2630
印度尼西亚 Indonesia	506	700	1581	221	624	947
伊朗 Iran	134	294	730	229		724
以色列 Israel	242	280	412	353	427	847
日本 Japan	476	861	3119	1782	1664	1895
韩国 Korea, Rep.	532	880	1535	551	1249	2870
马来西亚 Malaysia	1022	2458	2583	3053		
缅甸 Myanmar	42	79	355			
巴基斯坦 Pakistan	56	91				
菲律宾 Philippines	199	352	717	167		
新加坡 Singapore	606	916	1467	444	734	989
斯里兰卡 Sri Lanka	40	65	233	52	112	148

注：数据来源于世界银行WDI数据库。

Note: The data come from *WDI database of World Bank*.

10-15 续表 continued

国家或地区 Country or Area	入境（过夜）旅游人数 Number of Inbound Tourists (Overnight)			出境旅游人数 Number of Outbound Tourists		
	2000	2010	2018	2000	2010	2018
泰国 Thailand	958	1594	3818	191	545	997
越南 Viet Nam	214	505	1550			
埃及 Egypt	512	1405	1120	296	462	
尼日利亚 Nigeria	149	611				
南非 South Africa	587	807	1047	383	517	
加拿大 Canada	1963	1622	2113	1918	2868	2603
墨西哥 Mexico	2064	2329	4131	1108	1433	1975
美国 United States	5124	6001	7975	6133	6106	9256
阿根廷 Argentina	291	680	694	495	531	1113
巴西 Brazil	531	516	662	323	646	1063
委内瑞拉 Venezuela	47	53		95	148	
法国 France	7719	7665	8932	1989	2504	2691
德国 Germany	1898	2688	3888	8051	8587	10854
意大利 Italy	4118	4363	6157	2008	2819	3335
荷兰 Netherlands	1000	1088	1878	1390	1837	2212
波兰 Poland	1740	1247	1962	5668	710	1280
俄罗斯 Russia	2117	2228	2455	1837	3932	4196
西班牙 Spain	4640	5268	8277	410	1238	1912
土耳其 Turkey	959	3136	4577	528	656	838
乌克兰 Ukraine	643	2120	1410	1342	1718	2781
英国 United Kingdom	2321	2830	3632	5684	5376	7039
澳大利亚 Australia	493	579	925	350	710	1140
新西兰 New Zealand	178	244	369	128	203	304

10-16 主要沿海国家（地区）国际旅游收入
International Tourism Receipts of Major Coastal Countries (Areas)

单位：亿美元   (100 million USD)

国家或地区 Country or Area	国际旅游支出 International Tourism Expenditures			国际旅游收入 International Tourism Receipts		
	2000	2010	2018	2000	2010	2018
世界总计 World Total	5269	9950	15753	5619	10994	16493
中国 China	142	549	2774	173	458	404
中国香港 Hong Kong, China	125	174	265	82	272	419
中国澳门 Macao, China		9	14	32	227	404
孟加拉国 Bangladesh	5	8	12	1	1	4
柬埔寨 Cambodia	1	1	11	4	17	48
印度 India	37	105	258	36	145	291
印度尼西亚 Indonesia	32	84	116	50	76	156
伊朗 Iran	7	106		7	26	
以色列 Israel	37	47	98	46	56	81
日本 Japan	426	393	281	60	154	453
韩国 Korea, Rep.	80	208	348	85	143	199
马来西亚 Malaysia	25	93	133	59	196	218
缅甸 Myanmar	0	1	1	2	1	17
巴基斯坦 Pakistan	6	14	29	6	10	8
菲律宾 Philippines	18	60	125	23	34	97
新加坡 Singapore	45	187	254	51	142	204
斯里兰卡 Sri Lanka	4	8	25	4	10	56

注：数据来源于世界银行WDI数据库。

Note: The data come from *World Bank WDI Database*.

国家或地区 Country or Area	国际旅游支出 International Tourism Expenditures			国际旅游收入 International Tourism Receipts		
	2000	2010	2018	2000	2010	2018
泰国 Thailand	32	72	147	99	238	652
越南 Viet Nam		15	59		45	101
埃及 Egypt	12	27	29	47	136	127
尼日利亚 Nigeria	6	84	132	2	7	20
南非 South Africa	27	81	64	33	103	98
加拿大 Canada	151	372	336	130	184	220
墨西哥 Mexico	64	90	141	91	126	238
美国 United States	862	1101	1865	1204	1680	2562
阿根廷 Argentina	55	65	131	32	56	60
巴西 Brazil	46	189	222	20	55	63
委内瑞拉 Venezuela	17	29		5	9	
法国 France	290	467	579	387	562	731
德国 Germany	576	909	1042	249	491	603
意大利 Italy	182	269	376	287	384	516
荷兰 Netherlands	137	190	260	113	117	259
波兰 Poland	34	91	106	61	100	158
俄罗斯 Russia	89	302	388	34	132	187
西班牙 Spain	60	169	267	315	584	813
土耳其 Turkey	17	58	50	76	263	371
乌克兰 Ukraine	6	41	83	6	47	23
英国 United Kingdom	419	607	689	224	347	485
澳大利亚 Australia	91	279	424	116	311	473
新西兰 New Zealand	12	30	46	23	65	110

10-17 集装箱吞吐量居世界前20位的港口（2018年）
World Top 20 Seaports in Terms of the Number of Containers Handled (2018)

单位：万标准箱   (10000 TEU)

港口 Seaport	所属国家或地区 Country or Region	吞吐量 Containers Handled
上海 Shanghai	中国 China	4201
新加坡 Singapore	新加坡 Singapore	3660
宁波舟山 Ningbo Zhoushan	中国 China	2635
深圳 Shenzhen	中国 China	2574
广州 Guangzhou	中国 China	2162
釜山 Pusan	韩国 Korea, Rep.	2159
香港 Hong Kong	中国 China	1959
青岛 Qingdao	中国 China	1932
天津 Tianjin	中国 China	1601
迪拜 Dubayy	阿联酋 United Arab Em	1495
鹿特丹 Rotterdam	荷兰 Netherlands	1451
巴生 Kelang	马来西亚 Malaysia	1232
安特卫普 Antwerp	比利时 Belgium	1110
厦门 Xiamen	中国 China	1070
高雄 Gaoxiong	中国台湾 Taiwan, China	1045
大连 Dalian	中国 China	977
洛杉矶 Los Angeles	美国 United States	946
丹戎帕拉帕斯 Tanjung Periuk	马来西亚 Malaysia	896
汉堡 Hamburg	德国 Germany	877
长滩 Long Beach	美国 United States	809

注：数据来源于上海航运交易所。

Note: The data come from Shanghai Shipping Exchange.

10-18 港口货物吞吐量居世界前20位的港口（2018年）
World Top 20 Seaports in Terms of the Cargo Handled (2018)

单位：百万吨 (million t)

港　口 Seaport	所属国家或地区 Country or Region	吞吐量 Cargo Handled
宁波舟山 Ningbo Zhoushan	中国 China	1084.4
上海 Shanghai	中国 China	730.5
唐山 Tangshan	中国 China	637.1
新加坡 Singapore	新加坡 Singapore	630.2
广州 Guangzhou	中国 China	594.0
青岛 Qingdao	中国 China	542.5
苏州 Suzhou	中国 China	532.3
黑德兰港 Headland Harbour	澳大利亚 Australia	517.8
天津 Tianjin	中国 China	507.7
鹿特丹 Rotterdam	荷兰 Netherlands	469.0
大连 Dalian	中国 China	467.8
釜山 Pusan	韩国 Korea, Rep.	460.1
烟台 Yantai	中国 China	443.1
日照 Rizhao	中国 China	437.6
营口 Yingkou	中国 China	370.0
光阳 Gwangyang	韩国 Korea, Rep.	301.9
湛江 Zhanjiang	中国 China	301.9
黄骅 Huanghua	中国 China	287.7
南路易斯安娜 Southern Louisiana	美国 United States	275.1
南通 Nantong	中国 China	267.0

注：数据为内外贸货物；
　　数据来源于上海航运交易所。

Note: The data refer to the domestic and foreign trade cargo.
　　　The data come from Shanghai Shipping Exchange.

10-19 海上商船拥有量居世界前20位的国家或地区（2018年）
World Top 20 Countries or Areas in Terms of the Number of Maritime Merchant Ships Owned (2018)

国家或地区 Country or Area	艘数 （艘） Number of Vessels (unit)	总吨 Gross Ton （万吨） (10000 tons)	载重吨 Deadweight Ton	
			万吨 10000 tons	占世界% Percentage in the World
世界总计 **World Total**	**53732**	**1261907**	**1881589**	**100.0**
巴拿马 Panama	6398	211917	323031	17.2
马绍尔群岛 Marshall Islands	3255	146245	237316	12.6
利比里亚 Liberia	3332	149541	236874	12.6
中国香港 Hong Kong, China	2544	124263	197725	10.5
新加坡 Singapore	2326	84497	126533	6.7
马耳他 Malta	1998	73890	109635	5.8
中国 China	3414	55194	86121	4.6
希腊 Greece	913	39573	69099	3.7
巴哈马 Bahamas	1146	54383	65727	3.5
英国 United Kingdom	735	30755	42844	2.3
日本 Japan	2552	27083	38385	2.0
塞浦路斯 Cyprus	839	21801	33774	1.8
丹麦 Denmark	504	20310	22436	1.2
印度尼西亚 Indonesia	3267	14689	20564	1.1
葡萄牙 Portugal	517	14667	19620	1.0
挪威 Norway	807	15099	18961	1.0
印度 India	883	9746	16571	0.9
沙特阿拉伯 Saudi Arabia	125	7334	13054	0.7
意大利 Italy	673	14541	12904	0.7
韩国 Korea, Rep.	1021	8763	12439	0.7

注：按船旗统计，统计范围为300总吨及以上船舶，统计截止日期为2019年1月1日；
　　数据来源于《航运统计与市场评论》，2019年1月/2月，航运经济与物流研究所。

Note: According to the flag of the ship, the statistical range covers 300 tons ships and above.
　　The closing date of statistics was 1 Jan., 2019.
　　The data come from *Shipping Statistics and Market Review*, January/February 2019, ISL.

10-20 集装箱船拥有量居世界前20位的国家或地区（2018年）
World Top 20 Countries or Areas in Terms of the Number of Container Ships Owned (2018)

国家或地区 Country or Area	艘数 （艘） Number of Vessels (unit)	载重吨 Deadweight ton	
		万标准箱 10000 TEU	占世界% Percentage in the World
世界总计 **World Total**	**5255**	**2199.1**	**100.0**
利比里亚 Liberia	858	376.2	17.1
中国香港 Hong Kong, China	539	328.4	14.9
巴拿马 Panama	610	311.8	14.2
新加坡 Singapore	493	224.4	10.2
马耳他 Malta	267	151.4	6.9
丹麦 Denmark	155	148.6	6.8
马绍尔群岛 Marshall Islands	257	120.7	5.5
葡萄牙 Portugal	249	87.3	4.0
英国 United Kingdom	108	77.4	3.5
中国 China	256	70.3	3.2
德国 Germany	87	58.7	2.7
塞浦路斯 Cyprus	190	39.0	1.8
美国 United States	60	21.9	1.0
法国 France	25	21.7	1.0
安提瓜和巴布达 Antigua and Papua	152	17.7	0.8
印度尼西亚 Indonesia	216	16.4	0.7
中国台湾 Taiwan, China	46	15.9	0.7
日本 Japan	35	15.1	0.7
韩国 Korea, Rep.	86	10.4	0.5
巴哈马 Bahamas	49	9.7	0.4

注：按船旗统计，统计范围为300总吨及以上船舶，统计截止日期为2019年1月1日；
　　数据来源于《航运统计与市场评论》，2019年1月/2月，航运经济与物流研究所。

Note: According to the flag of the ship, the statistical range of 300 tons and above ships. The closing date of statistics was 1 Jan., 2019.

The data come from *Shipping Statistics and Market Review* , January/February 2019, ISL.

10-21 海上油轮拥有量居世界前20位的国家或地区（2018年）
Top 20 Countries or Areas in the World by the Possession of Ocean Going Oil Tankers (2018)

国家或地区 Country or Area	艘数 （艘） Number of Vessels (unit)	总吨 Gross Ton （千吨） (1000 tons)	载重吨 Deadweight ton	
			千吨 1000 tons	占世界% Percentage in the World
世界总计 **World Total**	**15158**	**418129**	**680185**	**100.0**
马绍尔群岛 Marshall Islands	1325	64993	104582	15.4
利比里亚 Liberia	1063	51079	88978	13.1
巴拿马 Panama	1489	48611	80510	11.8
中国香港 Hong Kong, China	548	28453	49171	7.2
希腊 Greece	422	26772	47418	7.0
新加坡 Singapore	1032	26916	44170	6.5
马耳他 Malta	729	24868	41870	6.2
巴哈马 Bahamas	402	28251	41246	6.1
英国 United Kingdom	258	9552	14717	2.2
中国 China	815	8807	14577	2.1
日本 Japan	824	8875	13076	1.9
沙特阿拉伯 Saudi Arabia	89	6679	12430	1.8
挪威 Norway	223	7905	11972	1.8
印度 India	156	5773	10079	1.5
印度尼西亚 Indonesia	739	5793	8989	1.3
比利时 Belgium	54	4340	7116	1.0
百慕大 Bermuda	94	7095	6822	1.0
意大利 Italy	218	3504	5743	0.8
马来西亚 Malaysia	198	4590	5446	0.8
丹麦 Denmark	173	3395	5180	0.8

注：按船旗统计，统计截止日期为2019年1月1日；

数据来源于按所有权模式计算的油轮船只总数，《航运统计与市场评论》2019年1月/2月，航运经济与物流研究所。

Note: According to the flag of the ship, the closing date of statistics was 1 Jan., 2019.

The data come from the total tanker fleet by ownership patterns, SSMR, January/February 2019, ISL.

10-22 海上散货船拥有量居世界前20位的国家或地区（2018年）
Top 20 Countries or Areas in the World by the Possession of Ocean Bulk Carriers (2018)

国家或地区 Country or Area	艘数 （艘） Number of Vessels (unit)	总吨 （千吨） (1000 tons)	载重吨 Deadweight ton	
			千吨 1000 tons	占世界% Percentage in the World
世界总计 **World Total**	**11562**	**447144**	**813197**	**100.0**
巴拿马 Panama	2387	100358	182764	22.5
马绍尔群岛 Marshall Islands	1443	61771	112546	13.8
中国香港 Hong Kong, China	1078	56475	104266	12.8
利比里亚 Liberia	1116	52655	96831	11.9
中国 China	1228	32047	55210	6.8
新加坡 Singapore	550	27266	50308	6.2
马耳他 Malta	601	25063	45535	5.6
塞浦路斯 Cyprus	299	12443	22821	2.8
希腊 Greece	189	10991	20731	2.5
日本 Japan	442	10997	20389	2.5
英国 United Kingdom	126	8952	16981	2.1
巴哈马 Bahamas	261	9350	16505	2.0
韩国 Korea, Rep.	126	3563	6602	0.8
葡萄牙 Portugal	56	2886	5284	0.6
印度尼西亚 Indonesia	263	2940	4999	0.6
印度 India	98	2547	4600	0.6
意大利 Italy	44	2074	3852	0.5
挪威 Norway	67	2299	4025	0.5
中国台湾 Taiwan, China	38	1607	3023	0.4
比利时 Belgium	19	1511	2885	0.4

注：按船旗统计，统计截止日期为2019年1月1日；
数据来源于按所有权模式计算的油轮船只总数，《航运统计与市场评论》2019年1月/2月，航运经济与
物流研究所。

Note: According to the flag of the ship, the closing date of statistics was 1 Jan., 2019.

The data come from the total tanker fleet by ownership patterns, SSMR, January/February 2019, ISL.